NAIL DESIGN ADVANCE

머리말

네일아트는 건강과 아름다움을 동시에 충족시켜주는 21세기 뷰티산업의 꽃이라고 할 수 있으며, 단순한 미용서비스의 개념이 아닌 아름다운 삶에 대한 고객 욕구와 생활서비스의 개념으로 인스이 바뀌고 있다. 한국 네일 산업의 성장 가능성과 전망은 세계가 인정하고 있으며, 네일 시장은 점차 대중화되고 확대되어 패션, 메이크업과 기타 미용분야와 네일이 연계된 고객 서비스 개념이 도입되고 있다.

최근에 들어 네일 바, 네일 샵 등 우후죽순으로 여성들을 위한 전문샵이 증가하고 있는데 네일 살롱 간의 경쟁력을 높이기 위해 차별화된 마케팅과 다양한 네일 디자인 기법을 접목시켜 독자적인 시술 프로그램 개발이 필요하다고 본다. 또한 전국 200여개 미용관련 대학의 대다수가 네일을 부전공 및 교양과목으로 선택해 학사과정을 운영하고 있고, 학생들의 네일 전문직에 대한 관심이 나날이 높아지고 있어 네일 디자인을 좀 더 체계적이며 전문적으로 다룬 교재 개발은 시급한 실정이다.

본서는 네일 디자인의 핵심이라고 할 수 있는 에어브러쉬, 핸드페인팅, UV 젤 아트과정과 각종 대회 수상 경력의 네일 아티스트 작품 갤러리로 구성되어 있다. 에어브러쉬는 제공된 스텐실로 직접 실습을 할 수 있으며, 각 장마다 단계별로 베이직과 응용 과정으로 구분하여 쉽고 재미있게 따라할 수 있도록 하였다. 네일 디자인을 전문적으로 공부하고자 하는 네일 종사자들과 학생들에게 실질적인 도움이 되었으면 하는 바램이다.

이 책이 출간되기까지 많은 도움을 주신 여러분들 관심과 격려에 감사드리며, 특히 디자인 작업을 도와주신 nciel 김정규 대표와 디젤 코리아의 박주연, 김종숙 실장님과 이엠 스튜디오 전의배 실장님, 청구문화사의 김상태 사장님과 임직원분들에게 깊은 감사의 뜻을 전한다.

2011년 3월

저자 일동

목 차

CONTENTS

1 에어브러쉬

AirBrush

1. 에어브러쉬(Airbrush)란?

에어브러쉬(Airbrush)를 글자 그대로 해석하면 "공기붓"으로 압축된 공기에 의해 물감을 분사시켜 붓으로 그린 것보다 좀 더 섬세하고 정교한 그라데이션의 색조 표현에 효과적이다. 에어브러쉬는 압축 공기를 만드는 컴프레셔와 물감을 뿜어내는 건(gun)으로 구성되며, 일러스트나 정밀묘사 등 뷰티분야에서도 다양하게 응용할 수 있다. 에어브러쉬의 기본적인 동작은 메인레버(Main lever)로 물감이 뿜어 나오는 힘과 면적을 조절한다. 레버를 누르면 에어가 뿜어져 나오고 레버를 당기면 물감이 나온다. 색을 바꿀 때마다 건을 청소해서 사용하며, 옅은 색에서부터 짙은 색으로 순서를 지키는 것이 요령이다. 다 쓰고 보관할 때는 반드시 건(gun) 청소를 깨끗이 해서 보관하도록 한다.

에어브러쉬 디자인 과정

1
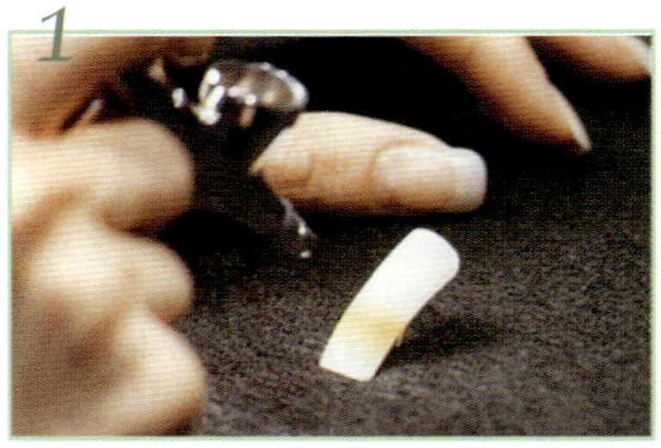

2
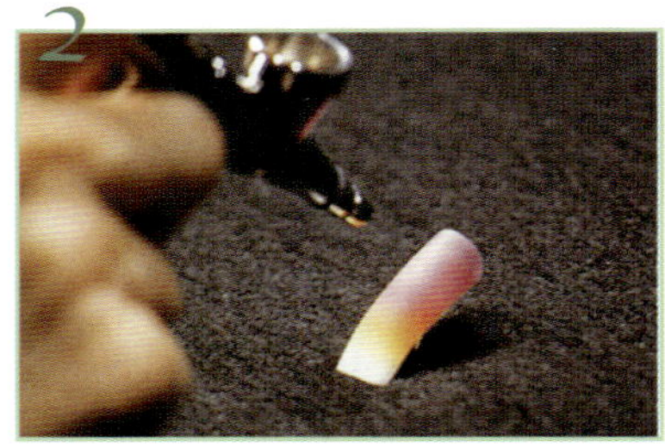

3
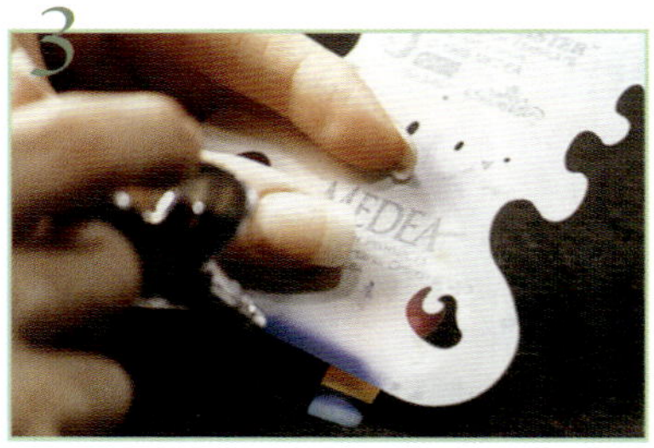

4
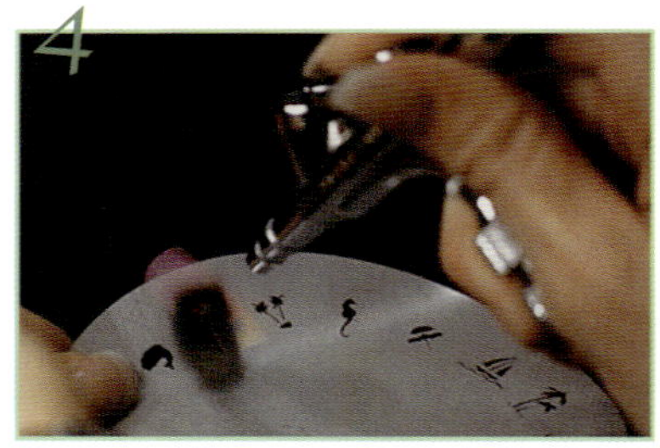

5
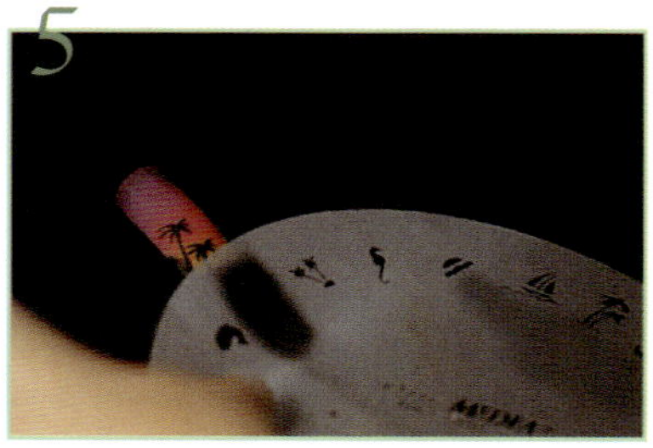

6
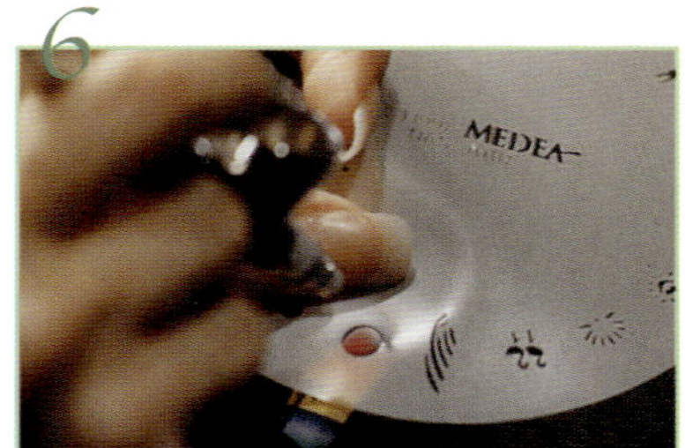

2. 에어브러쉬 건의 형태와 종류

1) 에어브러쉬 건의 형태와 종류

에어브러쉬 건(Airbrush gun)은 핸드 피스(Hand piece), 에어 피스(Air piece), 에어 건(Air gun) 등으로도 부른다. 에어브러쉬 건은 형태에 따라 물감 캡 부착형, 보틀형, 권총형으로 구별할 수 있으며, 물감을 분사시키는 방법에 따라 싱글액션(Single action)과 더블액션(Double action), 방아쇠식으로 나눌 수 있다.

에어브러쉬 건은 그림을 그릴 때 필요한 붓과 똑같은 역할을 하며 붓의 크기에 따라 0, 1, 2, 3, 4 등의 호수로 구분하듯이 에어브러쉬 건은 물감이 나오는 입구인 노즐 구경에 따라 용도를 나눈다. 노즐 구경이 클수록 물감이 많이 나오고 분사 범위가 넓어지며, 노즐 구경은 0.2mm에서 0.8mm까지 컵 용량은 0.3cc로부터 80cc의 도장용까지 있다.

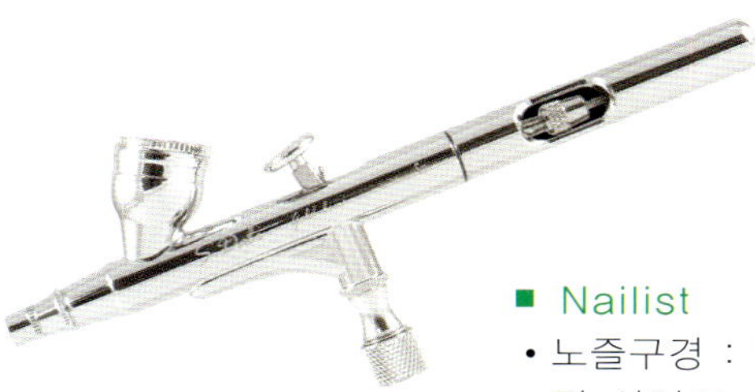

- ■ Nailist
- • 노즐구경 : 0.3mm
- • 컵 사이즈 : 2cc

- ■ Bady painter
- • 컵접착식
- • 노즐구경 : 0.3mm

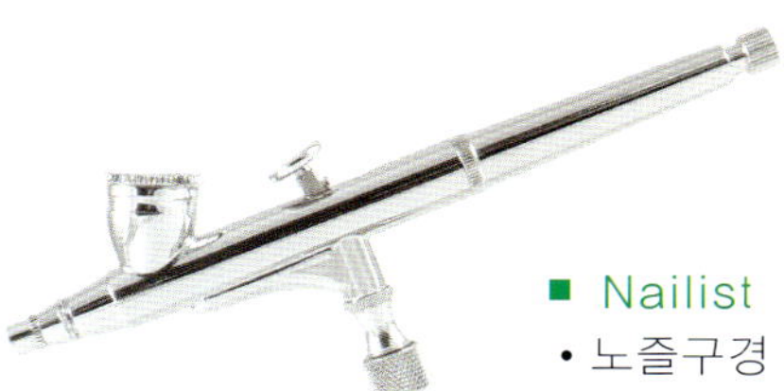

- ■ Nailist
- • 노즐구경 : 0.2mm
- • 컵 사이즈 : 2cc

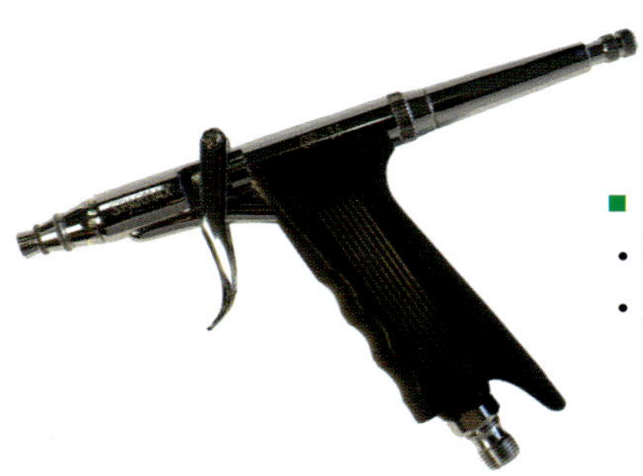

- ■ Bady painter
- • 방아쇠식
- • 노즐구경 : 0.5~0.7mm

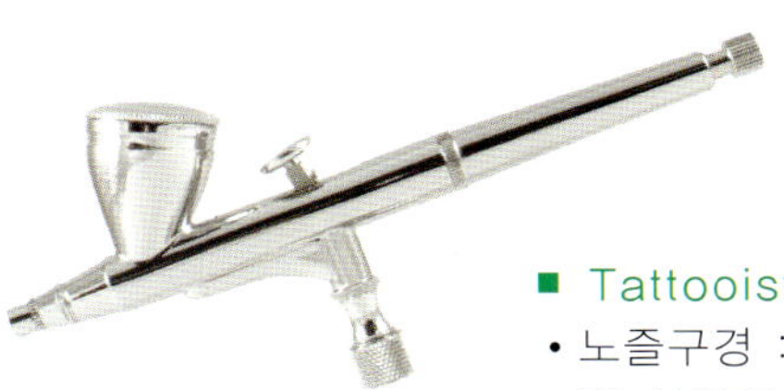

- ■ Tattooist
- • 노즐구경 : 0.3mm
- • 컵 사이즈 : 7cc

2) 에어브러쉬 건의 분사 방법

(1) 싱글액션(Single action)

에어브러쉬 건은 노즐과 니들 사이의 간격이 고정되어 있어 레버를 뒤로 당기면 일정한 공기와 물감의 양만이 분사되는 구조이다. 물감의 양은 에어브러쉬 건 바디의 끝에 있는 손잡이를 조절해서 사용한다. 요즘은 잘 사용되지 않는 방식이다.

(2) 더블액션(Double action)

에어브러쉬 건은 바디의 위 또는 옆에 컵이 붙어 있으며 당기는 레버와 누르는 것이 별도로 되어있어 레버를 아래로 누르면 공기가 나오고, 레버를 누른 상태에서 뒤로 당기면 물감이 나오는 구조이다. 공기와 물감의 양 조절을 위해서 많은 연습이 필요하다.

(3) 방아쇠식

방아쇠식은 권총을 쥐는 동작으로 레버를 당기는 정도에 따라 물감의 양을 조절된다. 사용방법은 분무기와 같으며 레버를 조금 당기면 공기가 나오고 조금 더 당기면 물감이 분사되므로 손이 피로하지 않고 많은 양을 분사하는 바디페인팅 작업에 편리하다.

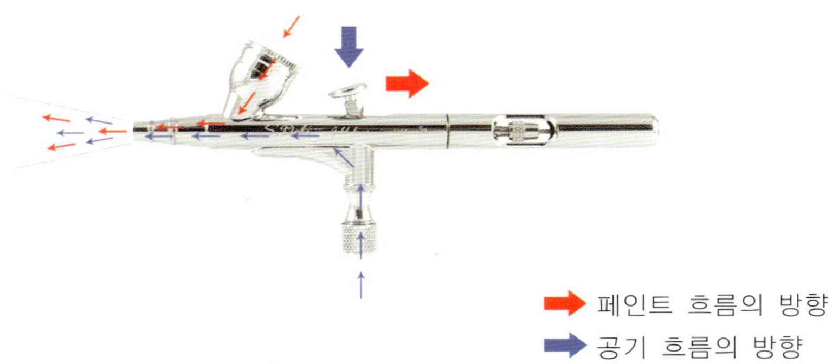

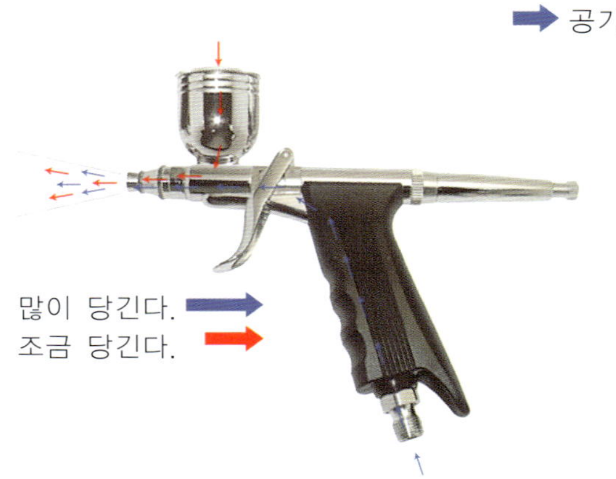

3) 에어브러쉬 건 선택 요령

(1) 노즐 구경 0.3mm

네일아트용으로 예전에는 손톱의 작은 범위 내에 정교한 작업을 하기 위해 노즐 구경이 0.2mm인 것을 많이 사용하였으나 노즐 구경이 작아서 에어브러쉬 건이 자주 막히는 단점이 있어 노즐 구경이 0.3mm을 보편적으로 많이 사용한다. 육안으로 보았을 때 정밀도에서의 차이는 없으며, 정밀도는 노즐 구경보다 기술 차이에 있으므로 초보자일수록 노즐 구경이 0.3mm를 선택하는 것이 사용하기 편하다.

(2) 컵 사이즈 2cc 캡 부착형

컵 사이즈는 2cc를 추천하며 8cc는 네일아트 시술 시 무거워서 불편하고 물감 소모량이 많다. 또한 컵에 캡이 부착되어 있는 것이 좋다. 2개 이상 에어브러쉬 건을 사용할 경우 10분-15분 이상 사용하지 않으면 컵 속의 물감이 굳어 버리기 때문에 캡을 덮어놓으면 하루 종일 사용해도 물감이 굳지 않아서 물감을 아끼고 계속 사용할 수 있다.

(3) 흰색 물감 전용 에어브러쉬 건

흰색 물감은 네일아트 시술의 30% 이상 사용하는 색상이다. 한 개의 에어브러쉬 건을 가지고 여러 가지 색을 혼용해 쓸 경우 앞에 쓰던 물감색이 남아 흰색이 제대로 나오지 않는다. 흰색만 사용하는 에어브러쉬 건을 별도로 두고 사용하는 것이 좋다.

(4) A/S 가능

에어브러쉬 건은 수입에 의존하는 제품이고, 업체에 따라 부품을 별도로 수입하지 않을 경우가 있다. 부품이 망가지거나 분실하는 경우 고가로 구입한 에어브러쉬 건을 사용할 수 없으므로 부품이 제공되는지 알아보고 구입하도록 한다.

3. 에어브러쉬 건 사용 방법

1) 에어브러쉬 건(Airbrush gun)

에어브러쉬 건(Airbrush gun)은 중앙 부분의 몸통을 포함해서 모두 14가지 부품으로 분류 된다.

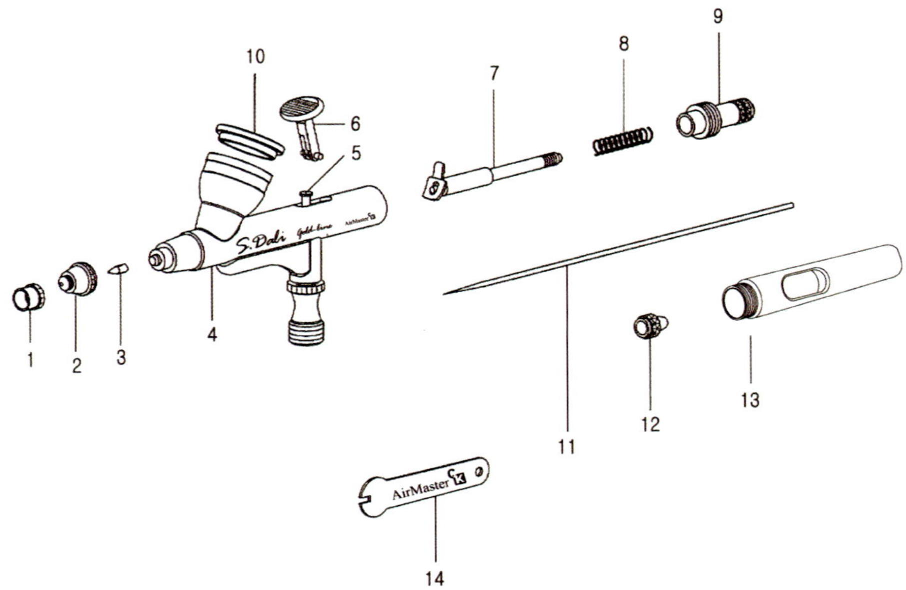

Index	Description	Index	Description
1	니들 캡(Needle cap)	8	니들 스프링(Needle spring)
2	노즐 캡(Nozzle cap)	9	스프링 가이드(Spring guide)
3	노즐(Nozzle)	10	2cc 컵 커버(2cc cup cover)
4	바디(Body)	11	니들(Fluid needle)
5	피스톤(Valve piston)	12	니들 처킹 너트 (Needle chucking nut)
6	메인 레버(Main lever)	13	핸들(Tail cap)
7	니들 처킹 가이드(Needle chucking guide)/엑서리 레버 (Auxiliary lever)	14	스패너(Spanner)

① 니들 캡(Needle cap)

니들 끝의 손상과 물감의 건조를 막아주고 정확한 위치에 쉽게 분사할 수 있도록 해준다. 항상 니들 캡의 안쪽을 자주 닦아서 물감 찌꺼기가 남지 않도록 한다.

② 노즐 캡(Nozzle cap)

노즐을 보호한다. 노즐 캡 구멍이 약간이라도 벌어지거나 바디 앞부분이 꼭 잠기지 않으면 물감이 분사되지 않거나 덩어리가 분사되기도 한다.

③ 노즐(Nozzle)

노즐은 물감이 나오는 통로로 노즐이 꽉 조여지지 않거나 노즐 구멍이 약간이라도 구부러지거나 넓어졌을 때는 분사가 쉽지 않고 공기(Air)가 잘 나오지 않는다. 바늘로 노즐을 거칠게 밀어내면 노즐이 찢어지거나 구멍이 넓어지므로 아주 조심스럽게 취급해야 한다.

④ 바디(Body)

에어브러쉬 건의 몸통 부분.

⑤ 피스톤(Valve piston)

에어의 개폐운동 부품이다.

⑥ 메인 레버(Main lever)

공기의 속도와 바늘의 움직임, 물감 분사량을 조절한다. 메인 레버는 약 3-4일에 한번 기름에 담가두면 오래 사용할 수 있다.

⑦ 니들 처킹 가이드
(Needle chucking guide)/엑서리 레버(Auxiliary lever)

메인 레버와 니들 처킹 가이드 사이에서 전후 왕복운동을 할 수 있도록 윤활유 역할을 하는 부품이다. 스프링의 힘이 니들 처킹 가이드에 전달되어 엑서리 레버를 밀어줌으로써 메인 레버가 힘을 받게된다.

⑧ 니들 스프링(Needle spring)

이 부속은 스프링 가이드의 장착으로 인해 힘이 생기고 그 힘이 액서리 레버, 메인 레버, 니들, 니들 처킹 가이드의 4가지 부품에 힘을 전달해 준다.

⑨ 스프링 가이드(Spring guide)

스프링을 밀어서 힘을 받게 해주는 역할을 한다. 또한, 니들 처킹 가이드 및 니들의 흔들림을 고정시켜 주는 틀 역할을 한다.

⑩ 2cc 컵 커버(2cc cup cover)

2cc 용량의 컵 커버. 에어브러쉬를 사용하는 동안 물감이 굳는 것을 방지한다.

⑪ 니들(Fluid needle)

물감이 노즐로 나오게 개폐하는 역할을 하며 물감의 분사량을 조절한다. 바늘 끝에 조그만 찌꺼기가 있어도 컵 부분에 거품이 생기기도 하고 물감이 분사되지 않는다.

⑫ 니들 처킹 너트(Needle chucking nut)

바늘을 고정시켜서 메인 레버 작동 시 자유자재로 움직일 수 있도록 하는 작은 부품이다. 이 부품이 없으면 바늘의 개폐기능을 상실하게 된다.

⑬ 핸들(Tail cap)

에어브러쉬 건을 떨어뜨렸을 때 바늘이나 노즐이 망가지거나 부주의로 다치는 경우가 있으므로 초보자일수록 핸들을 분리해서 사용하지 않도록 한다.

⑭ 스패너(Spanner)

노즐을 풀거나 조일 때 사용하는 도구. 노즐이 망가져서 교체하거나 페인트가 노즐에 가득 차서 굳어있을 때 노즐을 풀러 깨끗이 청소할 수 있다.

2) 에어브러쉬 건 잡는 법

손으로 연필을 쥐는 동작으로 가볍게 잡고 검지를 메인 레버 위에 놓는다. 에어브러쉬와 화면과의 거리 조절은 1cm에서 10cm 정도이며 거리가 가까울수록 분사 면적은 작고 강하게 표현이 되며, 멀어질수록 약하고 넓어진다. 사용 전에는 반드시 테스트 종이 위에서 레버를 눌러 공기를 뺀 다음 사용하도록 하고, 물감의 농도는 레버를 뒤로 당기는 강약에 따라 조절한다. 세밀하고 강한 표현에는 레버를 뒤로 약간만 당기고 거리를 가깝게 하고, 넓고 부드러운 표현에는 레버를 뒤로 많이 당기고 거리를 멀게 한다. 또한 에어브러쉬 건과 화면의 각도는 항상 90°를 유지하며, 손목과 팔만을 움직이면 고르게 분사되지 않으므로 항상 어깨와 수평을 유지하도록 한다.

3) 에어브러쉬 건 청소 방법

에어브러쉬 건을 사용한 후에는 즉시 깨끗하게 청소해야한다. 특히 니들과 노즐은 정밀한 부품이므로 섬세한 주의를 요한다. 니들은 약간만 휘어도 물감 분사에 지장을 주므로 청소하는 도중 떨어뜨리거나 억지로 밀어 넣어 구부려지거나 부러뜨리지 않도록 한다. 또한 노즐은 니들을 억지로 밀어 넣거나 부주의로 인해 노즐 내부 벽이 손상되거나 구멍의 형태가 변형되어 에어브러쉬 건을 못쓰게 만든다. 니들 캡 청소 시 오렌지우드 스틱에 페이퍼 타월을 감아 리무버에 담가 닦으면 아주 깨끗이 할 수 있다. 내수성의 물감을 사용할 때에는 니들의 끝부분이나 니들 캡의 안쪽에 물감이 달라붙기 때문에 알콜을 사용하여 청소하면 좋지만 자주 사용하면 에어밸브 고무가 마모되므로 조심해야 된다. 또한 알콜 속에 장시간 담가두게 되면 에어브러쉬 건의 노즐 벽이 손상되므로 절대 금지사항이다.

1

2

3

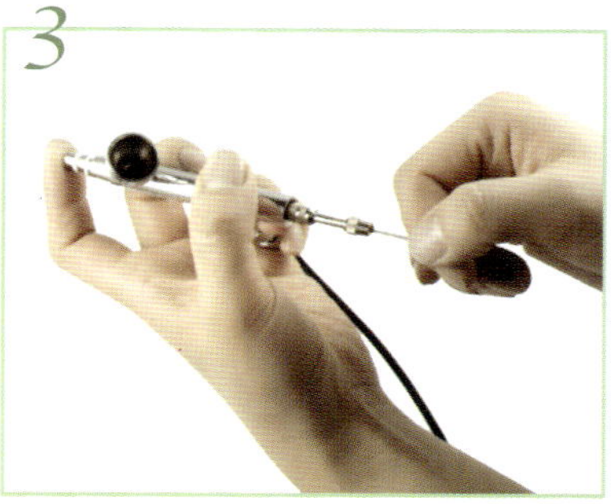

에어브러쉬 작업 중 청소하는 방법

1. 컵 속에 들어있는 물감을 크린포트에 뿜어내고, 다시 물을 넣어 청소용 브러쉬로 컵 안을 닦고 뿜어낸다. 이 과정을 반복한다.
2. 다시 물을 넣고 노즐 끝을 손가락으로 막은 다음 레버를 당겨 공기가 컵 쪽으로 역류시켜 물감 찌꺼기가 빠져나오도록 한다.
3. 니들을 뒤로 빼서 니들 끝에 달라붙어 있는 물감을 닦아낸다.

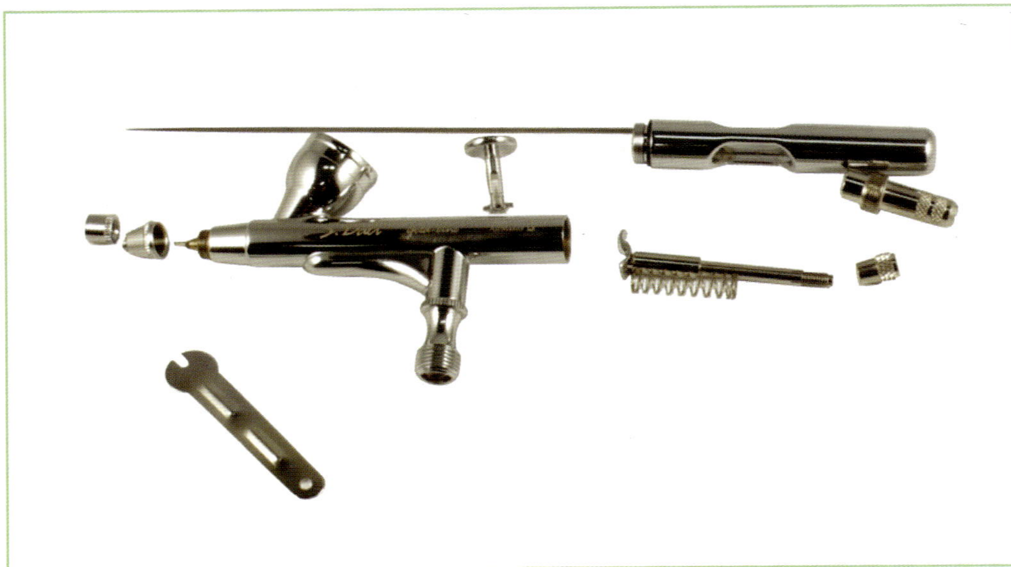

에어브러쉬 건 분해

에어브러쉬 건 분해 후 청소하는 방법

1. 핸들(Tail cap)을 분리한다.
2. 니들 처킹 너트(Needle chucking nut)를 풀어준다
3. 니들(Needle)을 조심스럽게 빼어낸다.
4. 스프링 가이드(Spring guide)를 풀어준다.
5. 니들 스프링(Needle spring)을 분리한다.
6. 니들 처킹 가이드(Needle chucking guide)/엑서리 레버(Auxiliary lever)를 분리한다.
7. 메인 레버(Main lever)를 분리한다.
8. 니들 캡(Needle cap)을 분리한다.
9. 노즐 캡(Nozzle cap)을 분리한다.
10. 스패너(Spanner)로 노즐을 풀어 물감이 막혔을 경우 청소해준다.
11. 노즐과 캡 부분을 오렌지우드스틱에 페이퍼타월을 감아 리무버를 묻혀 닦아낸다.
12. 컵 안의 물감 찌꺼기도 같은 요령으로 깨끗이 닦는다.

1

2

3

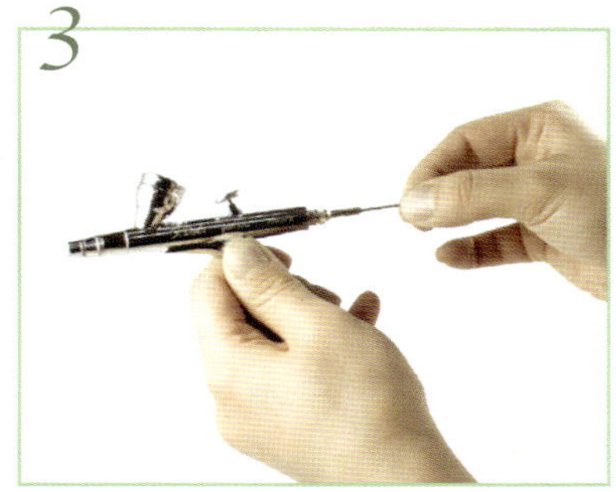

4

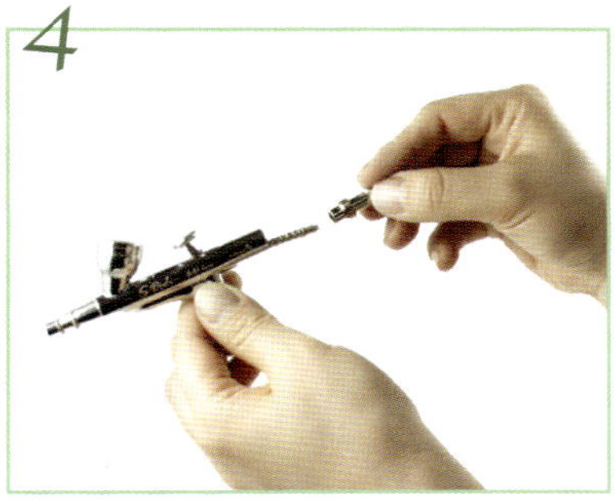

5

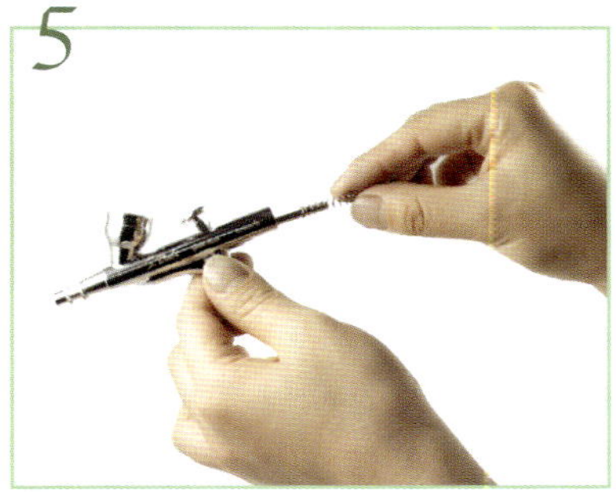

6

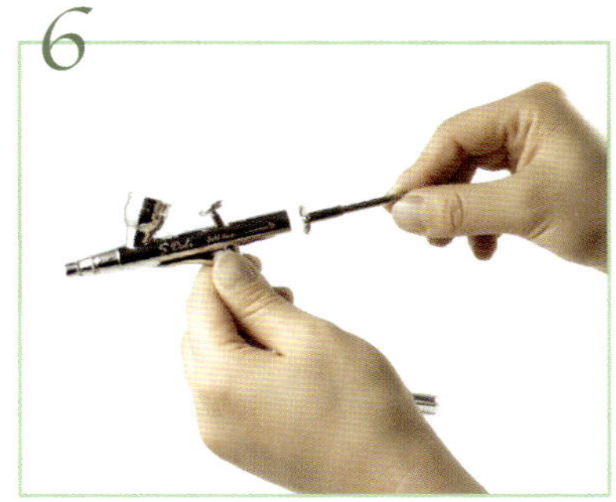

7

8

9

10

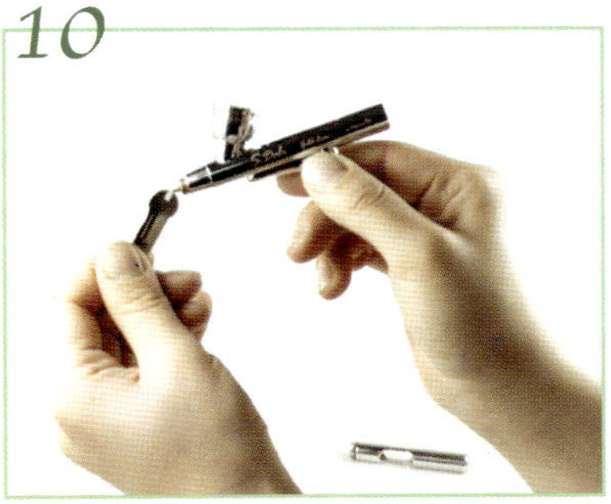

11

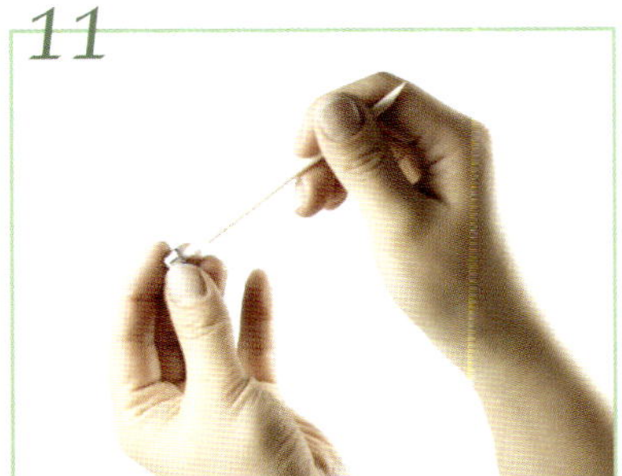

12

4) 스텐실 청소 방법

사용한 스텐실을 알콜에 담가두면 스텐실에 묻은 물감들이 용해되어 쉽고 깨끗하게 청소할 수 있다. 스텐실 모양이 상하지 않도록 청소용 브러쉬로 조심스럽게 문질러 헹군 후 그림엽서첩에 보관하면 찾기도 쉽고 잃어버릴 염려도 없다.

스텐실 청소 준비물

알콜, 청소용 브러쉬, 사용한 스텐실, 청소용 플라스틱용기

스텐실 청소 방법

1. 알콜을 용기에 적당량 부어준다.
2. 스텐실을 알콜에 3-5분 정도 담가준다.
3. 청소용 브러쉬로 물감들을 조심스럽게 문질러 닦아낸다.

1

2

3

5) 물감 분사 시 문제점과 해결방법

문제점	원 인	해결방법
	종이와의 거리에 가깝고 레버를 강하게 당겼을 때	적당한 거리를 두고 분사한다.
	공기 중의 수분이 돌연 분사 되었을 때	에어필터를 조절하여 수분을 제거한다.
	니들 끝에 물감이 묻어있거나 노즐이 찢어진 경우	컵에 거품이 발생할 경우 니들을 빼서 청소하고 찢어진 노즐은 교체한다.
	공기의 압력이 약한 경우	에어펌프의 압력을 높여준다.
	물감이 막혔을 경우	니들과 노즐을 청소하고 처킹너트를 잘 조여준다.
	손움직임이 불안정하고 니들 상태가 좋지 않은 경우	자세를 어깨와 수평으로 유지하고, 니들을 점검한다.

4. 실 기

1) 에어브러쉬 준비물

■ 에어브러쉬 건(Airbrush gun) : 네일아트용으로는 컵 용량이 2cc 이며, 노즐은 0.3mm 크기를 사용한다.

■ 에어 컴프레셔(Air compressor) : 에어브러쉬 작업에 필요한 공기를 만들어내는 기계이다. 오일(oil)식과 오일리스(oilless) 2가지형이 있다. 네일아트, 타투로 적합한 것은 auto on/off식이며 에어탱크가 있어야 하고, 수분을 제거하는 에어필터 장착은 필수이다. 오일식보다 오일리스(oilless)를 사용하는 것이 좋다.

오일(oil)식과 오일리스(oilless)식

오일(oil)식은 컴프레셔 오일을 사용한다. 소음이 없고, 장시간 사용이 가능하지만 공기 안에 공업용 oil이 나와서 인체에 공업용 oil이 같이 분사될 위험이 크다. 건강에 좋지 않고 냄새가 심하여 네일아트용으로는 사용하지 않는 것이 좋다.
오일리스(oilless)식은 기름이 들어가지 않으며, 소음이 발생하고 장시간 사용 시 열이 발생하는 단점이 있다. 외형적으로 작아보여도 소리가 매우 큰 제품도 있으므로 소음 테스트를 꼭 하고 구입하는 것이 좋다. 또한 사용 후 20~30분이 지나면 모터가 뜨거워지고 마찰력이 생겨 발생된 뜨거운 공기가 차가운 호수와 만나서 수증기가 생기고 그것이 밀려 들어가 에어브러쉬 건에 물이 나오기 시작한다. 이것을 방지하기 에어탱크와 에어필터 장착이 되어 있는 제품을 구입하는 것이 좋다. 압력이 떨어지면 입자가 거칠게 나오고 건이 자주 막히므로, 압력 조절은 60 PCI로 조절하는 게 적당하다.

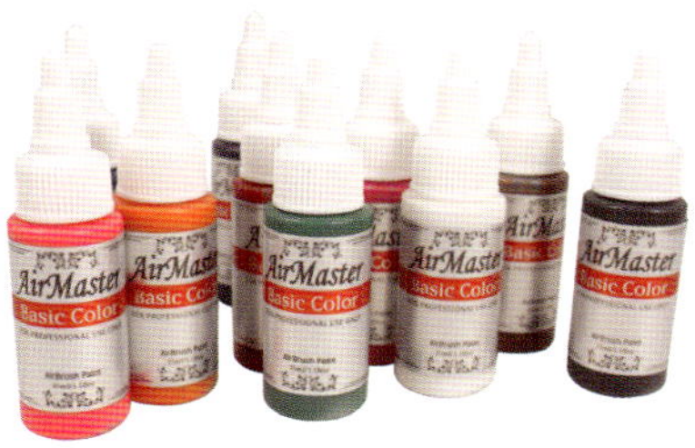

■ 에어브러쉬 물감(Airbrush paint) : 에어브러쉬 물감은 수성, 아크릴, 유성 타입이 있다. 수성은 작업 후 마르고 난 뒤 스텐실을 떼어내면 자주 벗겨지고 스크래치가 생기는 경우가 많아 네일아트용으로는 아크릴 물감 타입을 선택하는 것이 좋다. 또한 물감 냄새가 적고 에어브러쉬 건이 막히지 않으며, 쏠림 현상이 없어야 된다. 색상은 투명, 펄, 형광, 불투명 등 4가지 종류로 분류된다. 물감 각각의 특성을 잘 파악하고 디자인 작업을 하도록 하고 특히 펄은 물감 안에 작은 알갱이가 들어 있어 잘 분사되지 않으므로 메인 레버를 조절하면서 사용하도록 한다.

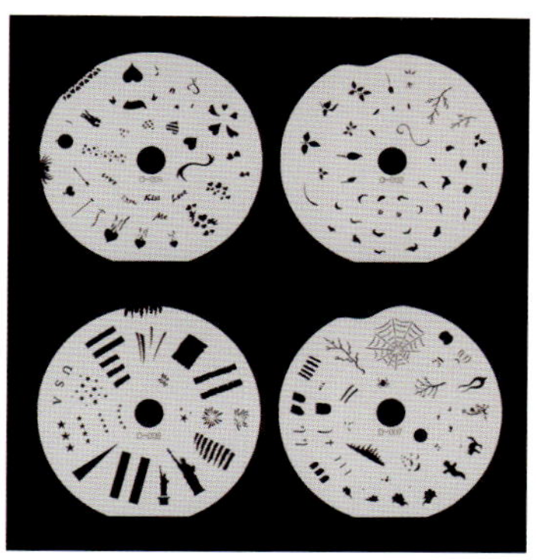

■ 스텐실(Stencil) : 형태를 표현하기 위한 모양 틀을 말하며, 에어브러쉬의 생명이라고 말할 정도로 스텐실이 중요한 역할을 한다. 재질은 주로 강화 폴리에스테르 필름(마일라)으로 되어있다. 레이저로 커팅 제작하여 매우 정교하고 미국 네일살롱에서는 보편화되어 있다. 초보자는 스텐실을 제작하는데 노력과 시간이 많이 걸리므로 대회나 자격시험을 앞두고 창의적인 작품 디자인을 해야 될 경우가 아니라면 스텐실을 구입해서 쓰는 것이 능률적이다. 스텐실을 구입할 경우 커팅이 엉망인 경우도 있으므로 모양이 정교하게 파여 있는지 확인하고 도안만 있는 스텐실보다는 디자인되어 있는 스텐실을 구입하는 것이 활용하기 쉽다.

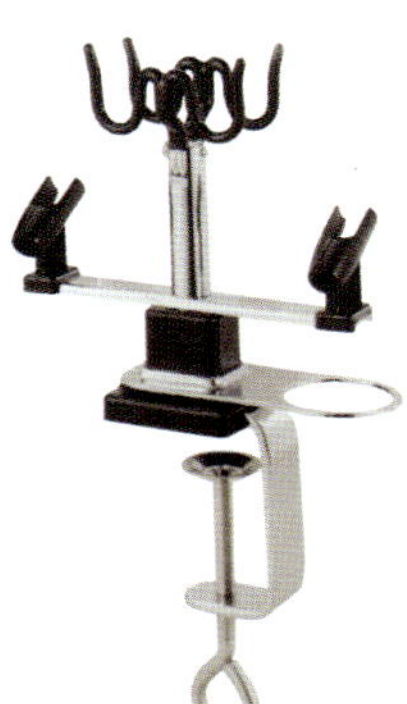

■ 에어브러쉬 건 홀더(Airbrush gun holder) : 에어브러쉬 건을 거치할 수 있는 장비이다. 건을 4개까지 거치할 수 있다.

■ 호스(Hose) : 콤프레샤와 에어브러쉬 건을 연결해주는 장비이다. 전화선같이 말려진 코일형 호스는 서로 엉켜서 보기도 안 좋고, 일자형의 직관형 호수가 사용하기 좋다. 얇고 무게가 가벼운 타입이 손을 자유롭게 움직여서 사용하기 편하다.

■ 에어밸브(Air valve) 3way : 공기가 나오는 하나의 입구를 세 개로 나누어 사용하는 것이다. 한사람이 여러 건을 동시에 쓸 경우에 해당하며, 여러 명이 쓸 경우에는 압력이 약해져서 사용하기 힘들다.

■ 손가락 받침대(Finger rest) : 시술시 손님의 손가락을 받치기 위한 도구이다.

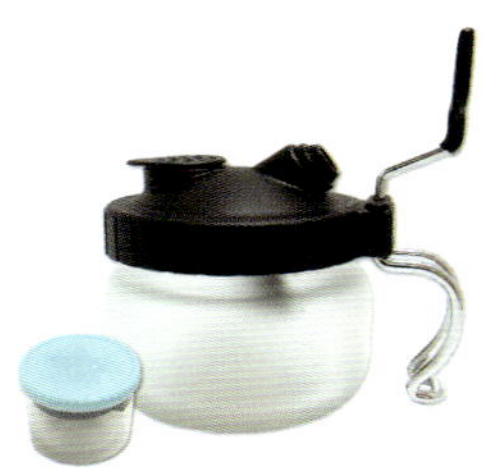

■ 청소통(Clean pot) : 에어브러쉬를 할 때 물감의 색을 바꾸거나 건을 청소하기위해 물을 넣고 레버를 당겨서 남은 물감을 깨끗이 청소할 때 사용하는 도구이다.

■ 에어브러쉬 전용 베이스코트(Airbrush base coat) : 손톱에 에어브러쉬 물감이 잘 부착되고, 물감이 밀리는 현상을 방지해준다.

■ 에어브러쉬 전용 탑코트(Airbrush top coat) : 일반 탑코트 사용 시 표면이 크랙되는 현상을 방지해주는 에어브러쉬 전용 탑코트이다. 자연손톱은 1주에서 인조손톱은 2주 정도 유지하는 것이 보편적이다. 탑코트 브러쉬 털의 강도가 너무 세면 브러쉬에 의해 스크레치가 생길 수도 있으므로 잘 골라 선택하도록 한다.

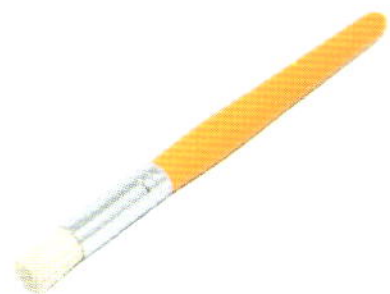	■ 청소용 브러쉬 : 일반적으로 스텐실용 브러쉬를 사용한다. 건(gun)과 스턴실(stencil)을 청소할 때 사용한다.
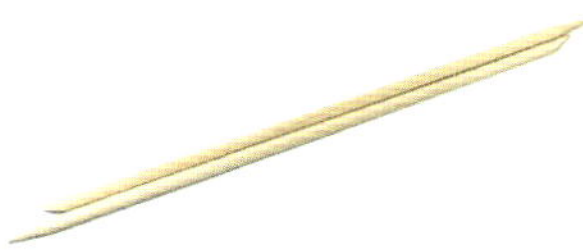	■ 오렌지 우드 스틱 : 건 부품 청소 및 물감 혼합 시 사용
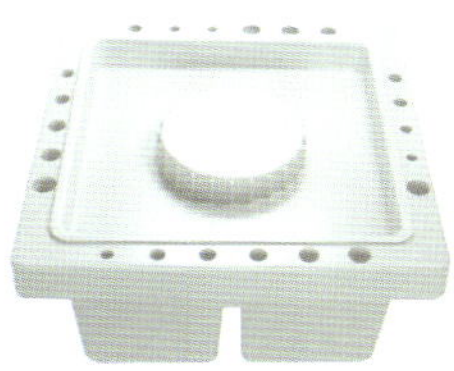	■ 물통(Water bottle) : 에어브러쉬 건의 색상을 바꾸거나 청소할 때 깨끗한 물을 담아 사용한다. 물통은 불투명한 유리병이 지저분한 것이 안보이고 플라스틱에 비해 잘 닦인다.
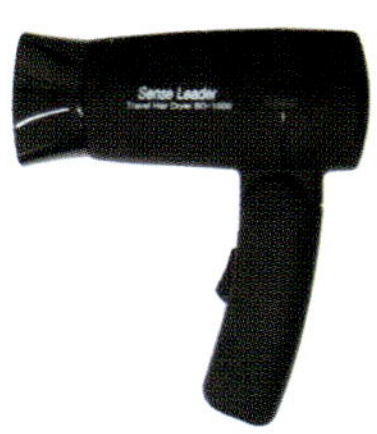	■ 헤어 드라이기(Hair dryer) : 에어브러쉬 건으로 공기를 분사시켜 발리는 것보다 빠른 시간에 건조시켜 네일아트 시술 시간을 단축시킨다. 배경이 되는 베이스 색을 분사한 후 10~15초 정도 헤어드라이기로 말려주면 바로 스텐실 시술이 가능하다.

2) 에어브러쉬 거리와 농도 연습

에어브러쉬 건을 손에 가볍게 쥐고 팔꿈치를 책상에 고정시킨 후 건(Gun)의 각도를 90°로 유지하고, 어깨는 그리는 방향과 반드시 수평을 유지하도록 한다. 레버를 눌러서 공기의 양과 물감의 양을 조절하여 가장 가까운 거리 1cm에서부터 10cm까지 되풀이 연습한다. 물감의 분사량은 처음 시작과 끝이 같도록 유지한다.

점 연습

선 연습

1cm

2cm

3cm

5cm

8cm

3) 그라데이션 연습

베이직 5단계

step	color	memo
1		
2	F. Pink	
3	Magenta	
4	Red	
5	Red	

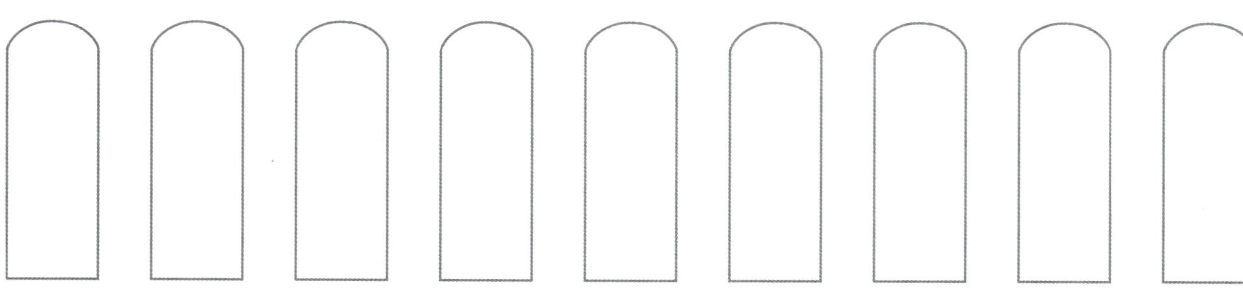

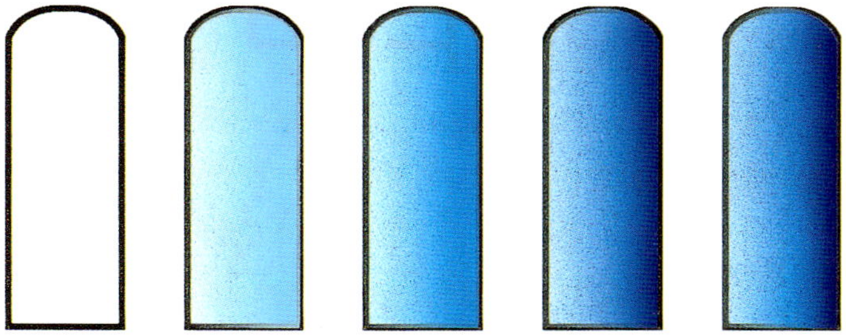

step	color	memo
1		
2	F. Blue	
3	Blue	
4	Violet	
5	Violet	

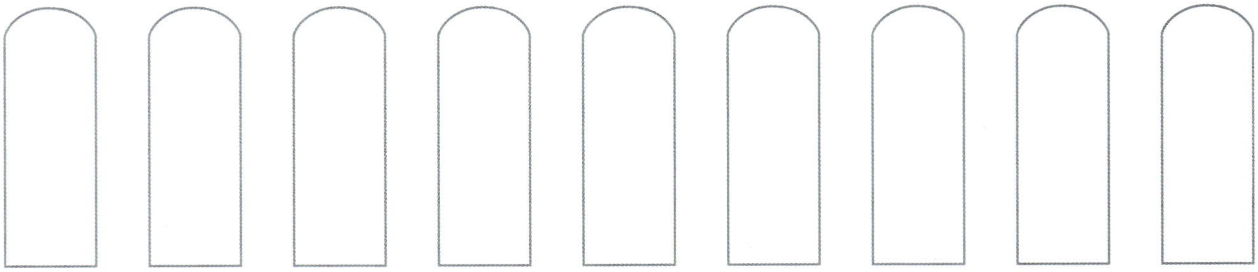

step	color	memo
1		
2	Yellow	
3	Red	
4	Brown	
5	Brown	

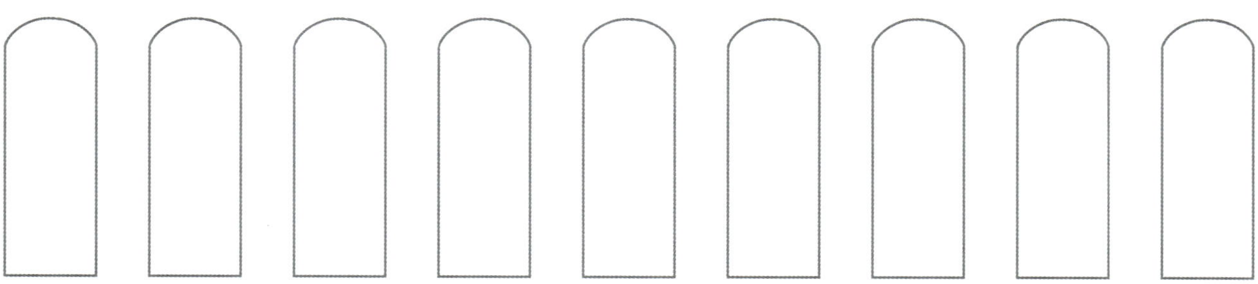

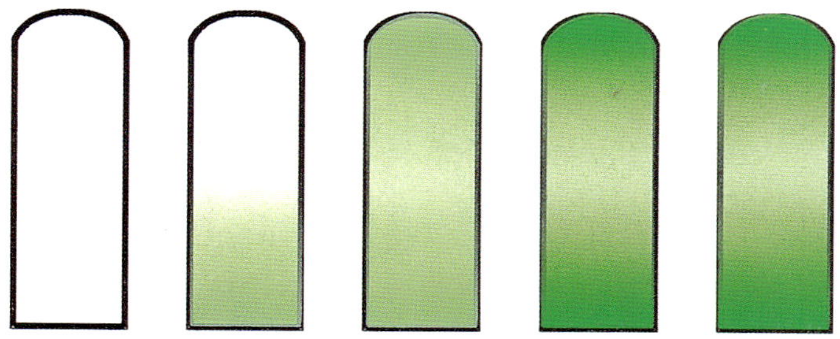

step	color	memo
1		
2	F. Mint	
3	F. Mint	
4	Green	
5	Green	

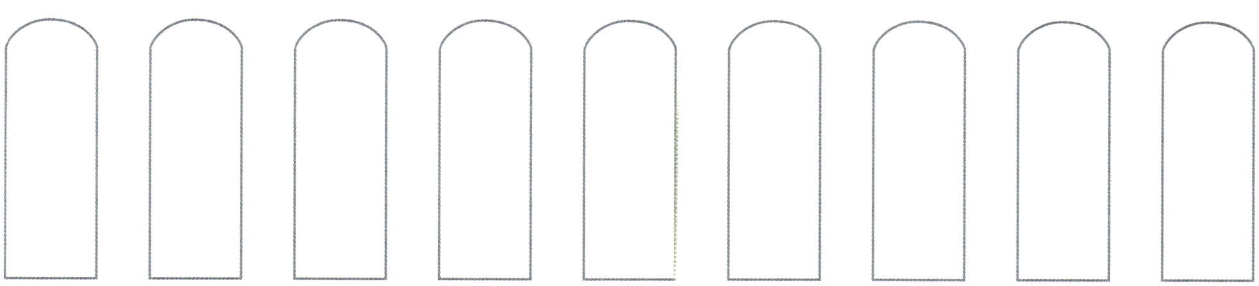

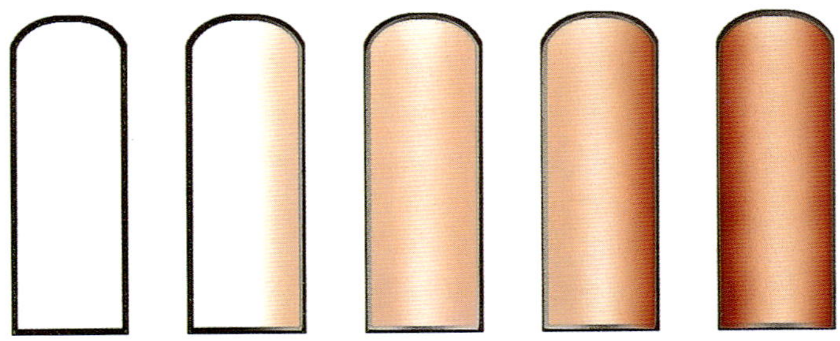

step	color	memo
1		
2	F. Beige	
3	F. Beige	
4	Brown	
5	Brown	

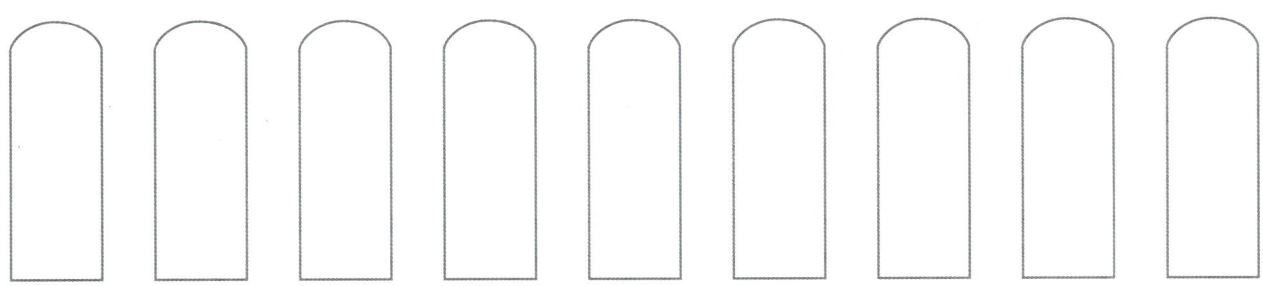

응용 디자인

4) 스텐실 디자인 연습

프렌치 5단계

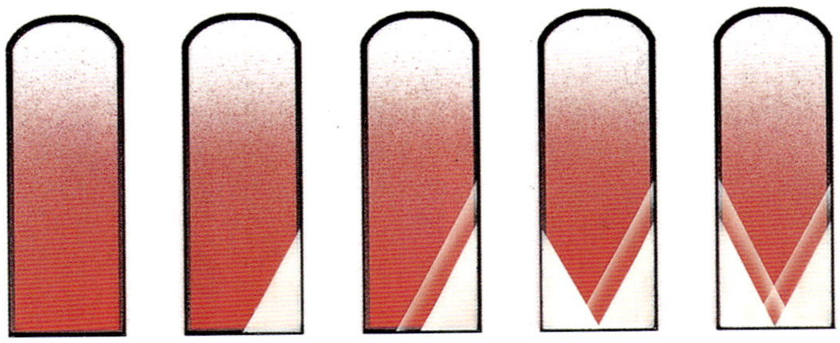

step	color	memo
1		
2	F. Pink	
3	White	
4	White	
5	White	

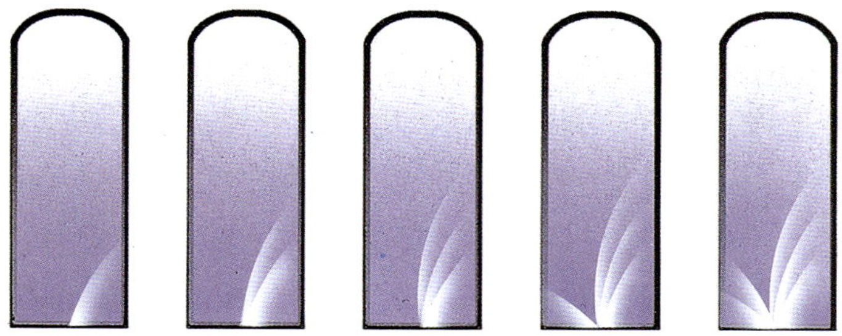

step	color	memo
1		
2	F. Lilac	
3	White	
4	White	
5	White	

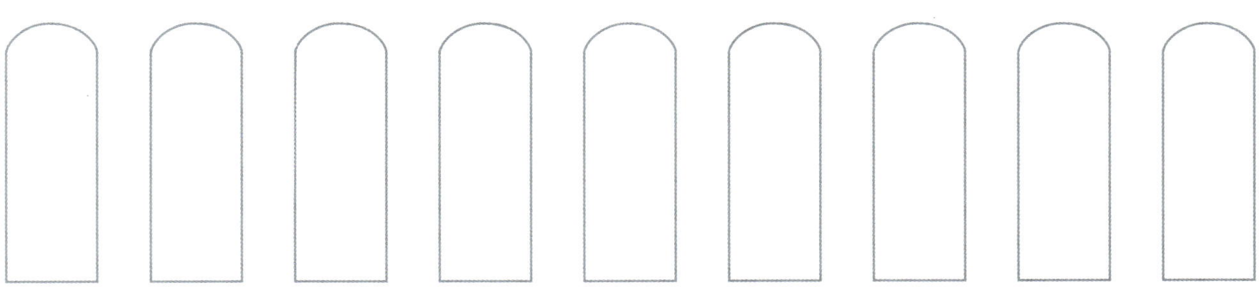

step	color	memo
1		
2	F. Mint	
3	Blue	
4	White	
5	White	

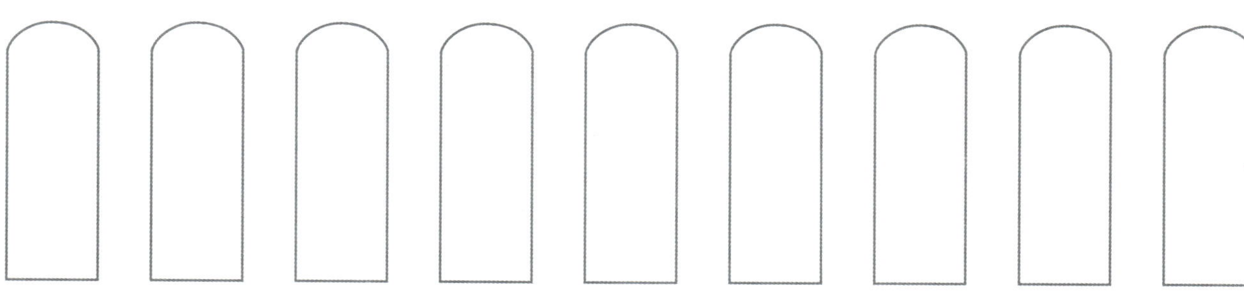

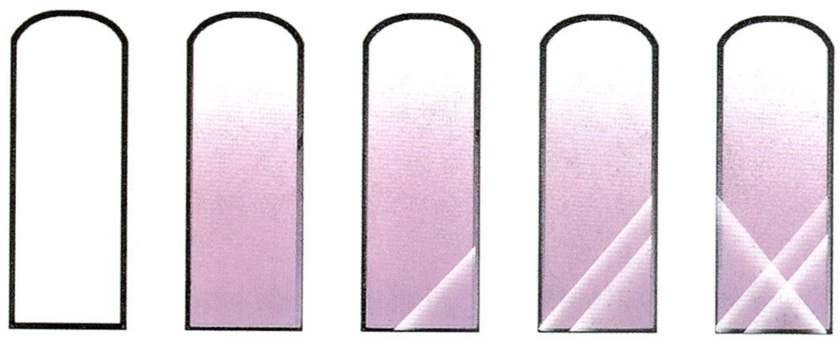

step	color	memo
1		
2	F. Lavender	
3	White	
4	White	
5	White	

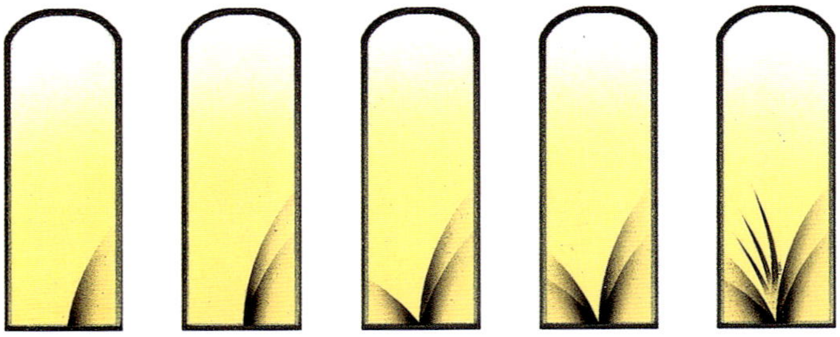

step	color	memo
1		
2	Yellow	
3	Black	
4	Black	
5	Black	

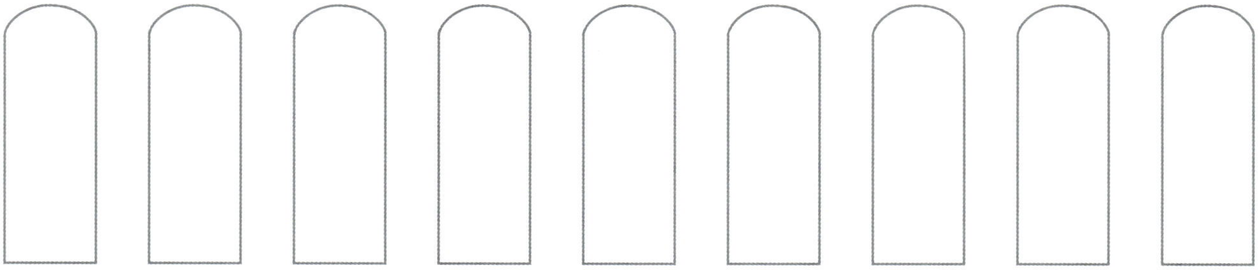

응용 디자인

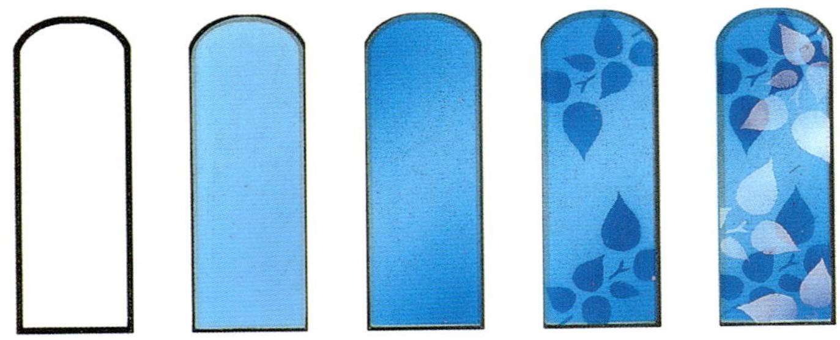

step	color	memo
1		
2	F. Blue	
3	Blue	
4	Blue	
5	White	

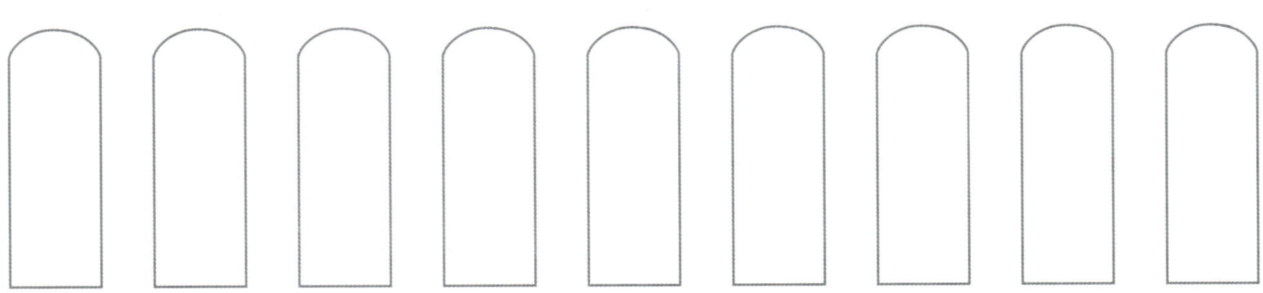

step	color	memo
1		
2	Magenta	
3	Violet	
4	Black	
5	White	

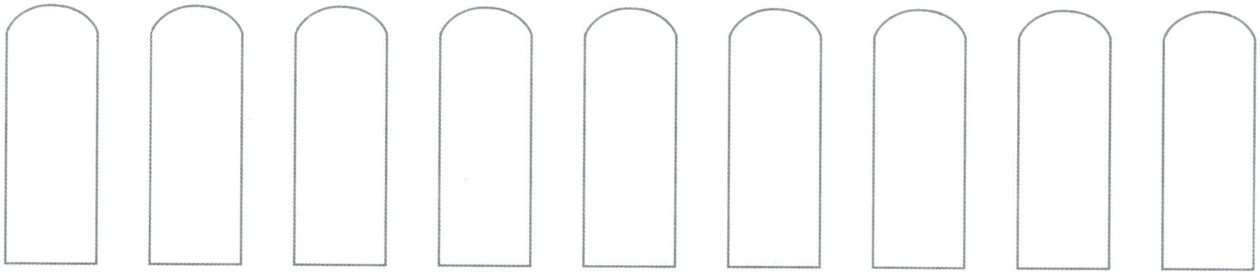

step	color	memo
1		
2	Yellow	
3	Red	
4	Black	
5	White	

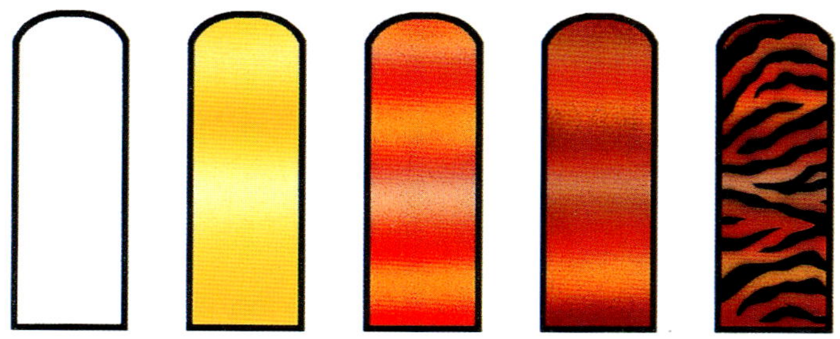

step	color	memo
1		
2	Yellow	
3	Red	
4	Brown	
5	Black	

step	color	memo
1		
2	Magenta	
3	Violet	
4	Violet	
5	White	

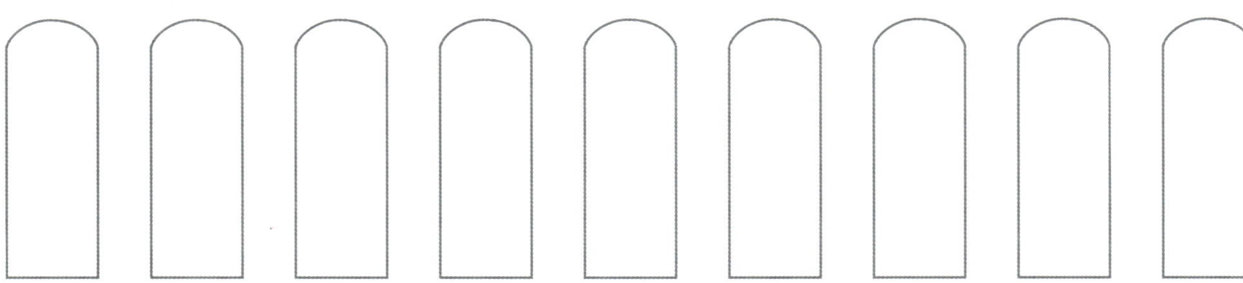

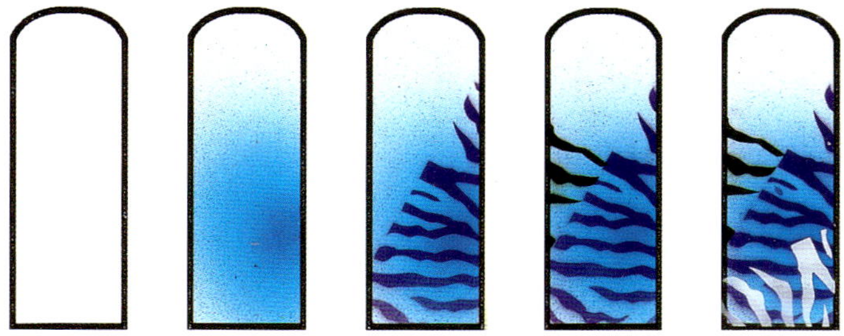

step	color	memo
1		
2	Blue	
3	Violet	
4	Black	
5	White	

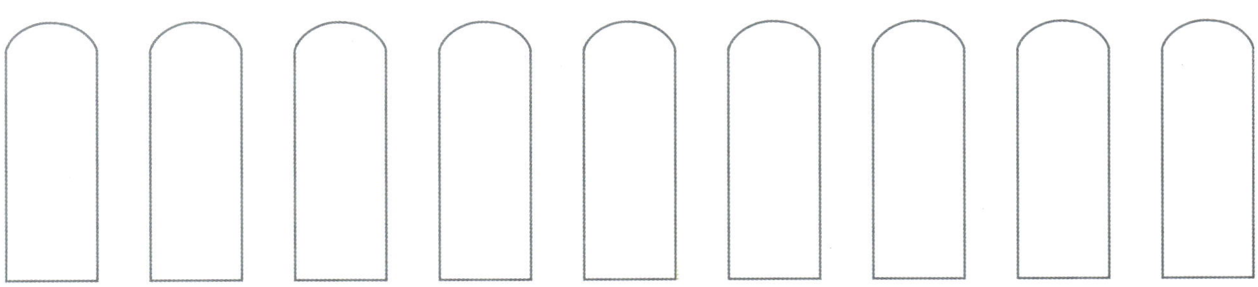

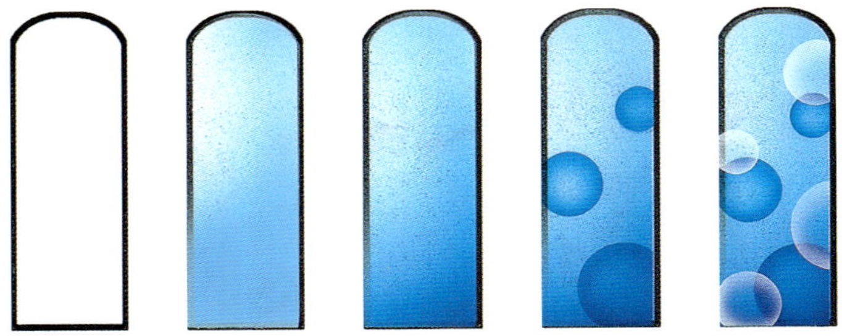

step	color	memo
1		
2	F. Blue	
3	Blue	
4	Blue	
5	White	

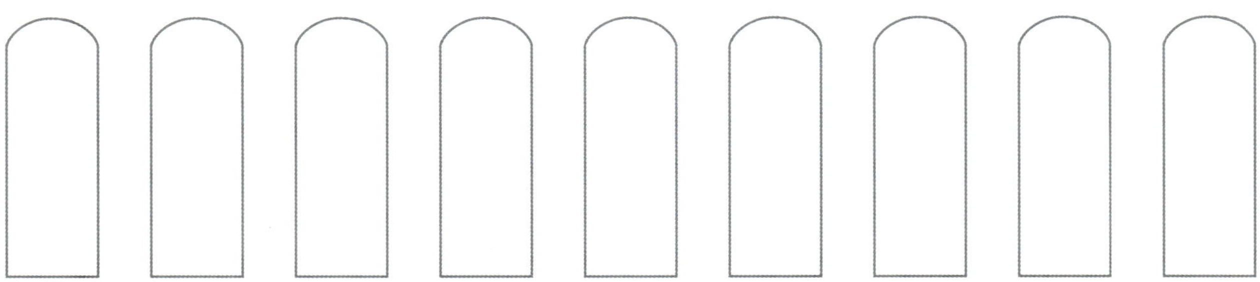

step	color	memo
1		
2	Yellow	
3	Red	
4	Violet	
5	White	

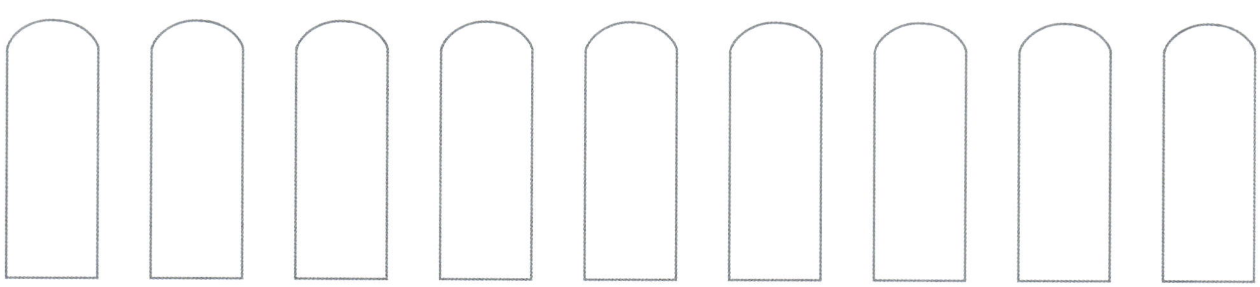

step	color	memo
1	Magenta	
2	Violet	
3	Violet	
4	White	
5	White	

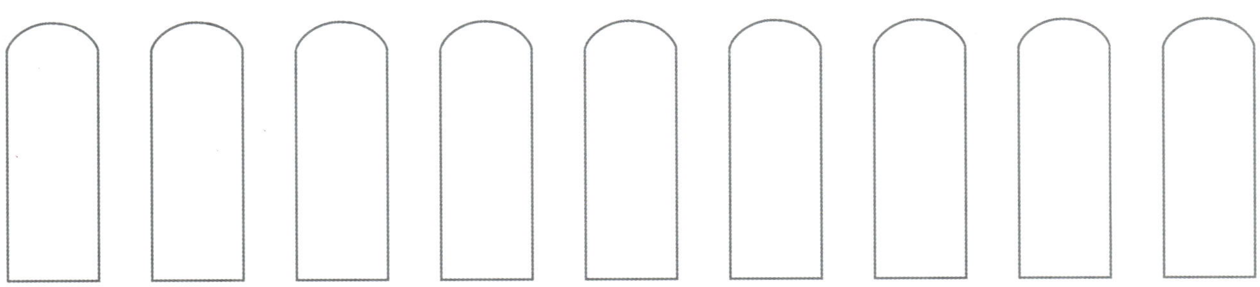

step	color	memo
1	Black	
2	White	
3	Yellow	
4	Red	
5	Black	

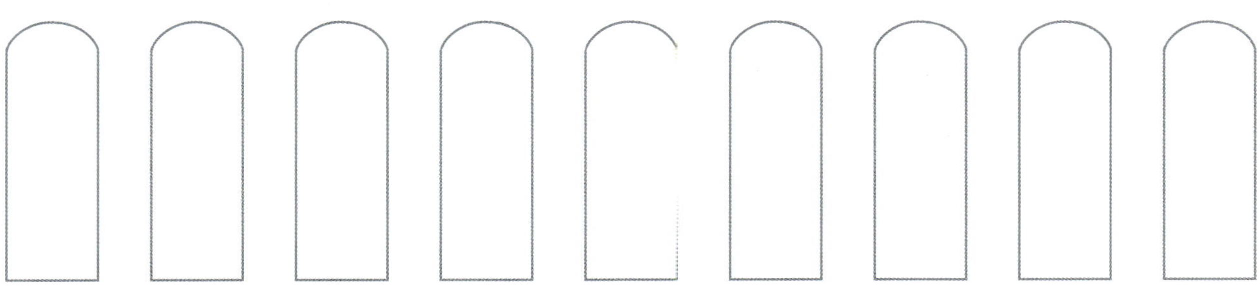

5) 응용작품

에어브러쉬 물감 칼라챠트

베이직 칼라

펄 칼라

프렌치 칼라

2 핸드페인팅
Hand Painting

1. 라인 아트(Line art)

1) 라인 아트(Line art)란?

라인(line)과 도트(dot)를 이용한 네일아트 디자인으로 우리나라보다 미국 살롱에서 선풍적으로 인기를 누리고 있는 기법이다. 직선과 곡선 등을 아트 펜을 사용해서 네일 디자인으로 응용하면 살롱에서 쉽고 빠르게 네일아트를 구사할 수 있다. 기본적인 프렌치 라인에서부터 자유 곡선과 도트를 이용한 응용디자인까지 여러 가지 표현을 연습해보도록 한다.

2) 라인 아트의 주의점

라인 아트를 할 때는 브러쉬의 선택이 가장 중요하다. 2cm 정도 길이에 붓끝이 갈라지지 않고 탄력이 좋은 붓을 선택해야 한다. 구입하기 전 뚜껑을 열어서 반드시 확인해보도록 한다. 아트 펜의 1/3 정도 사용했을 때는 띠너를 1~2방울 넣어 보관하면 오랫동안 굳지 않고 사용할 수 있다. 화이트 색상의 아트 펜은 브러쉬 끝을 약간 네모지게 잘라서 사용하면 짧은 손톱이나 패디큐어 시 프렌치라인을 쉽게 그릴 수 있다. 또한 다 사용했을 경우에는 빈 통에 리무버를 채우고 마블링하는 브러쉬로 활용하면 좋다.

3) 라인 아트 준비물

아트펜 10칼라, 폴리쉬, 오렌지 우드스틱, 스톤세트, 3번팁

4) 실 기

직선 라인아트

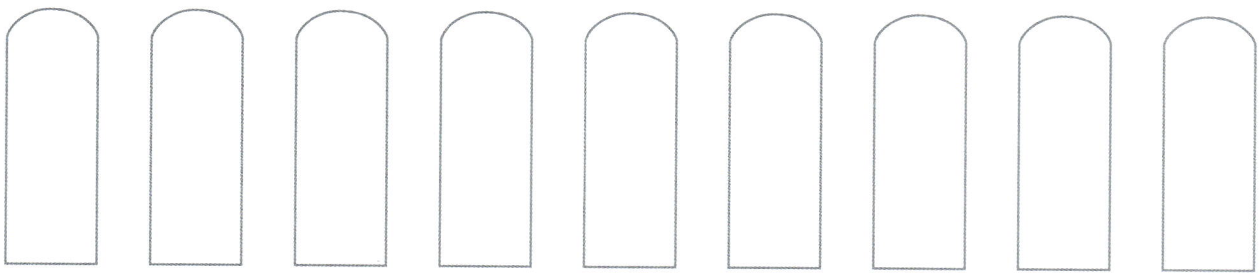

곡선 라인아트

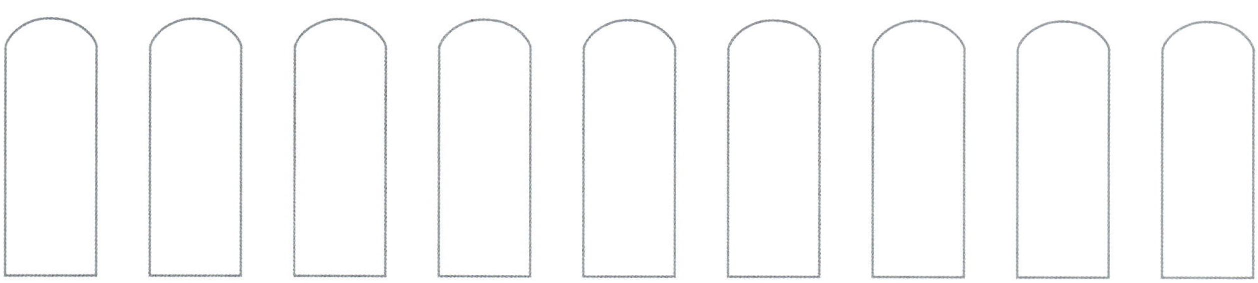

프렌치 라인아트

도트 라인아트

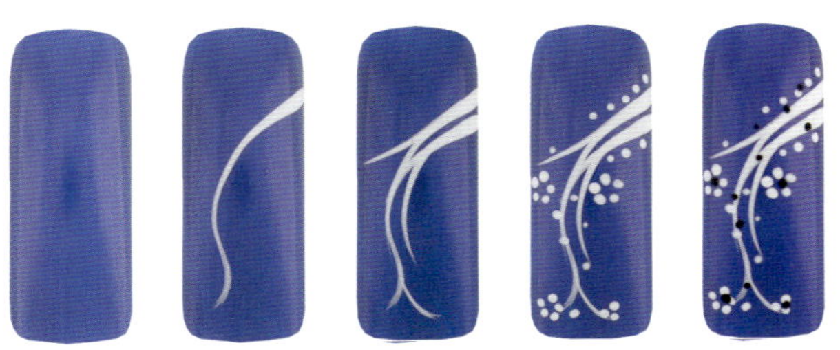

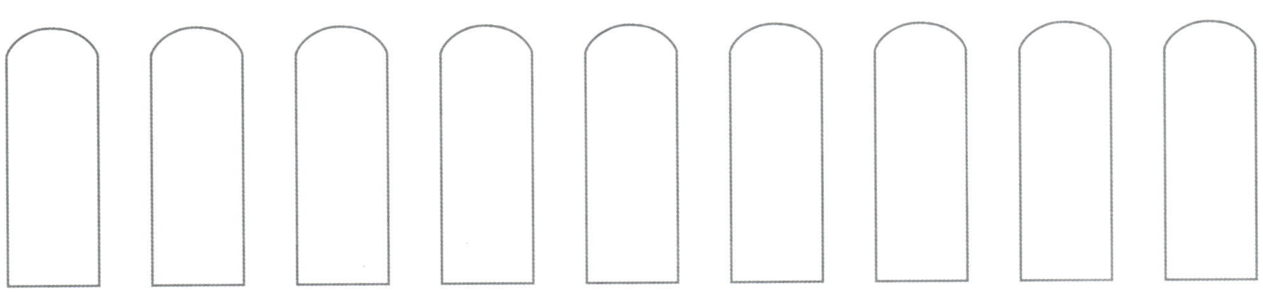

5)응용 작품

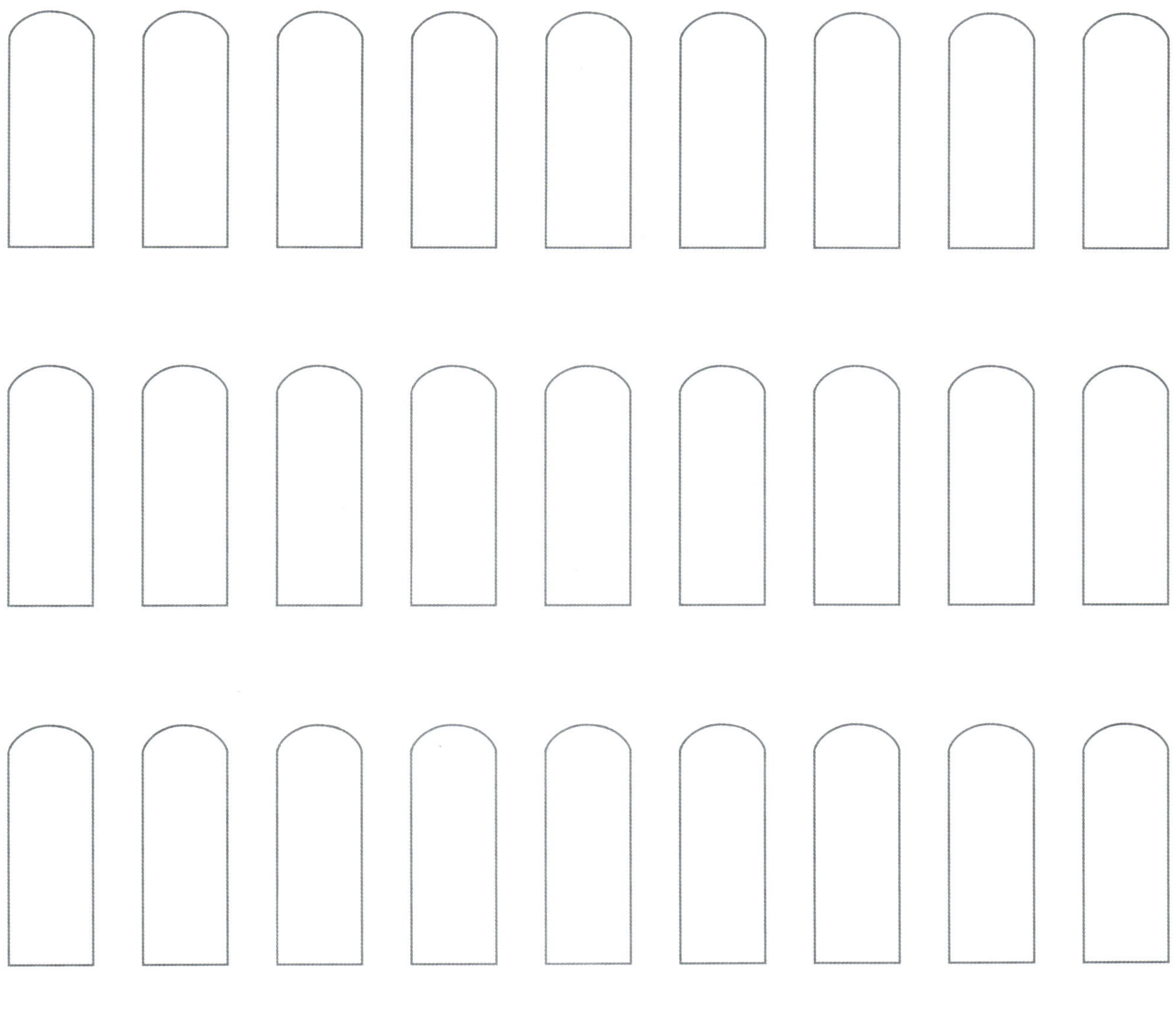

2. 포크 아트(Fork art)

1) 포크 아트(Fork art)란?

포크 아트(Fork art)는 톨페인팅(Tole painting)이라고도 부르며 “Tole”이란 말은 프랑스어에서 그 어원을 찾을 수 있다. “Tole”은 주석 등 철제의 얇은 판을 의미하는 것으로 영어로는 “Tin”, 우리나라 말로는 양철이라는 의미로 금속제품에 그림을 그린 것에서부터 유래되었다는 것이 일반적인 견해이다. 또한 “Tole”이란 말은 테이블(Table)에서 유래한 프랑스어 타울(Taule)에서 온 것이고, 테이블(Table)은 보드(Board)나 타블렛(Tablet)을 의미하는 라틴어 타브랄에서 유래되었다고 하는 견해도 있다. 유럽 왕실의 데코레이션에서 출발한 톨페인팅은 미국 각 지방의 포크 아트로 발전하였고, 가구 장식이 주목적이었지만 현재는 포크 아트 기법이 네일아트에 응용되고 있다. 포크 아트기법은 그림에 소질이 없어도 어느 정도 테크닉을 익히면 쉽게 따라할 수 있으며, 고객의 손톱 뿐 아니라 액세서리나 휴대폰 등 생활용품에 자유롭고 다양한 표현을 할 수 있어 네일샵에서 부수입을 올릴 수도 있다.

2) 포크 아트 기법

선을 굵게 그리고 싶을 때는 힘을 주어 누르듯이 긋고 반대로 가는 선을 그리고 싶을 때에는 힘을 빼고 붓끝을 사용한다. 물감과 물의 양을 적당량으로 조절해서 붓끝에 너무 많이 묻지 않게 하는 것이 요령이다. 우선 붓의 사용법을 익혀야 하고 연습이 필요하다.

브러쉬의 종류

① 페인팅 붓 : 넓은 바탕을 칠할 때 사용한다.
② 평붓 : 사이드로딩, 스트록 표현에 필요하다.
③ 둥근붓 : 가장 많이 쓰이고, 스트록 표현에 필요하다. 세필은 섬세한 그림을 그릴 때 사용한다.
④ 앵글붓 : 사이드로딩과 더블로딩 시 사용한다. 붓끝이 각이 져 있다.
⑤ 라이너붓 : 직선이나 줄기와 같은 가는 선에 사용한다.
⑥ 둥근 납작붓 : 꽃잎을 그리거나 블렌딩 할 때 사용한다.

① ② ③ ④ ⑤ ⑥

3) 포크 아트 준비물

아크릴물감, 포크 아트용 브러쉬, 종이타월, 파레트, 물통

포크 아트의 여러가지 꽃 표현

4) 포크 아트 기본

	■ 직선 : 라이너 붓으로 직선을 그린다. 물감과 물을 1:1로 섞어 붓의 강약을 조절하여 붓 끝으로 세워 그린다.
	■ 자유 곡선 그리기 : 선긋기와 같은 요령으로 라이너 붓으로 팔 전체를 이용하여 자유 곡선을 그린다.
	■ 콤마 스트록(Right stroke) : 둥근 붓 사용하며, 오른쪽 각도로 붓 끝에 힘을 주어 누르고 붓을 살짝 돌리면서 꼬리부분이 가늘게 선이 그어지도록 붓을 세운다.
	■ 콤마 스트록(Left stroke) : 오른쪽 스트록과 같은 요령이며, 왼쪽은 그리기가 불편해서 천천히 그리는 것이 좋다. 커브를 주어 무늬에 사용한다.
	■ 콤마 스트록(Straight stroke) : 둥근 붓을 사용하며, 처음에는 힘을 주어 누르고 서서히 힘을 빼고 중심으로 곧게 내리면서 붓을 세워 가는 선이 나오도록 한다.

- 사이드 로딩(Side Loading) : 평붓을 사용하며, 적당히 물을 머금은 평붓의 한쪽 끝에 물감을 묻히고 그라데이션이 나오는지 2~3번 테스트 해보고 그려본다. 빛과 그림자를 주어 입체감을 만들 수 있다.

- 더블로딩(Double Loading) : 사이드로딩과 같은 방법으로 평붓 끝의 좌우에 다른 색을 묻혀서 균등한 힘으로 그린다. 장미나 잎을 그릴 때 많이 사용한다.

- S 스트로크(S stroke) : 평붓, 둥근붓 모두 사용할 수 있다. 붓끝을 이용해 그리기 시작과 끝에 힘을 빼고 약간 사선으로 S자로 돌리면서 그려준다.

- C 스트로크(C stroke) : 평붓, 둥근붓 모두 사용할 수 있다. 붓끝이 수평이 되도록 하고, 처음에는 조금씩 힘을 주었다가 C자 모양의 중앙부터는 천천히 힘을 빼서 그려준다.

- 도트(Dot) : 붓의 뒤쪽을 수직으로 세워 물감을 묻혀 점을 찍는다. 연속해서 찍어 가면 점의 크기가 작아지며, 한 번씩 물감을 묻혀 찍으면 같은 크기의 점을 찍을 수 있다.

5) 포크 아트 기본 연습

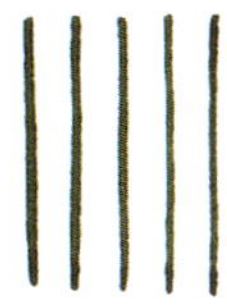

직 선

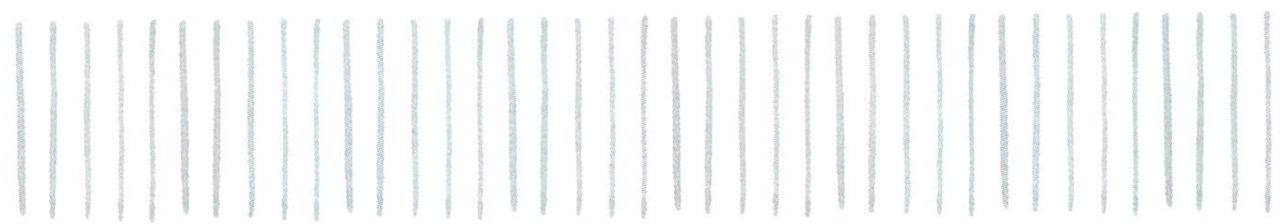

곡 선

콤마 스트록
(Right stroke)

콤마 스트록
(Left stroke)

스트레이트
(Straight)

사이드 로딩
(Side loading)

더블로딩
(Double loading)

S 스트록
(stroke)

C 스트록
(stroke)

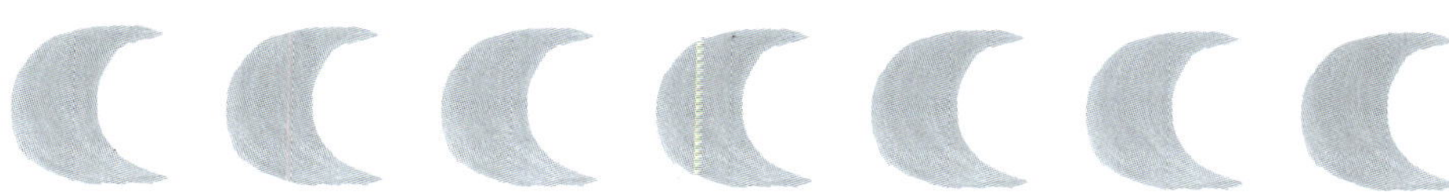

도트
(Dot)

6) 포크 아트 디자인 연습

체 크

step 1. 평붓으로 물감을 묽게 조절한 후 대각선으로 그려준다.
step 2. 교차된 선으로 그려준다.
step 3. 라이너 붓으로 체크 무늬 사이에 곡선을 그려준다.
step 4. 같은 방법으로 교차되게 그려준다.
step 5. 교차된 선 사이에 도트를 찍는다.

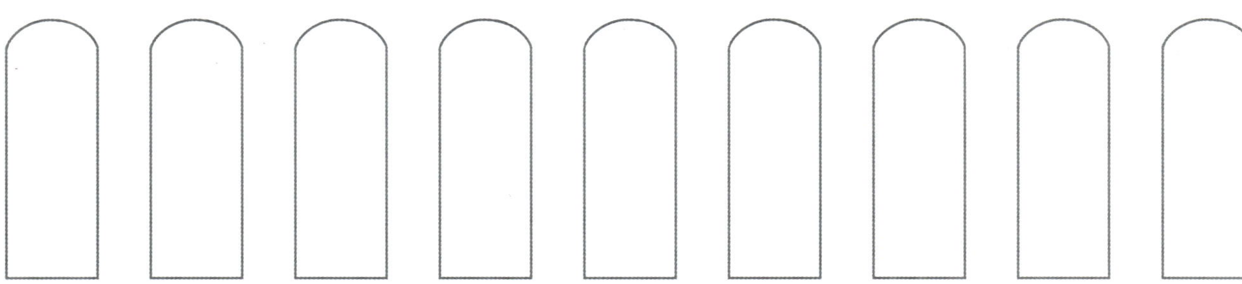

둥근 꽃

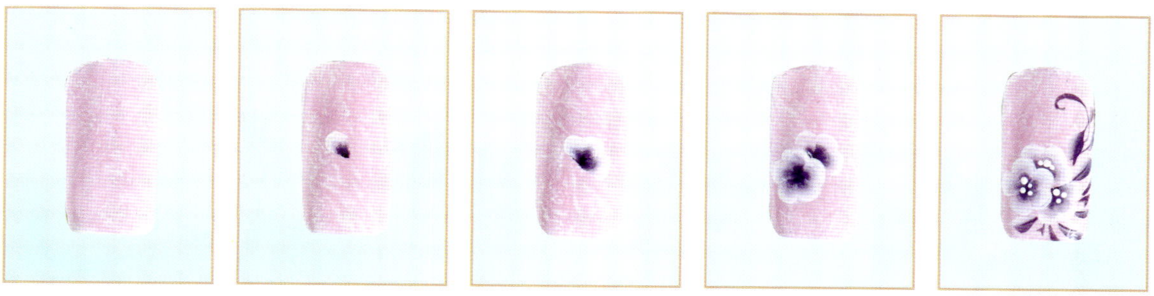

step 1. 바탕색이 마르기 전에 구겨진 비닐로 찍어 배경을 만든다.
step 2. 평붓의 양쪽 끝에 흰색과 보라 물감을 묻혀 더블로딩기법으로 꽃잎을 그려준다.
step 3. 꽃잎을 반원 스트록하면 동그란 꽃잎을 그릴 수 있다.
step 4. 같은 방법으로 꽃잎을 그려준다.
step 5. 라이너 붓으로 잎과 줄기를 그리고 꽃술에 도트로 장식한다.

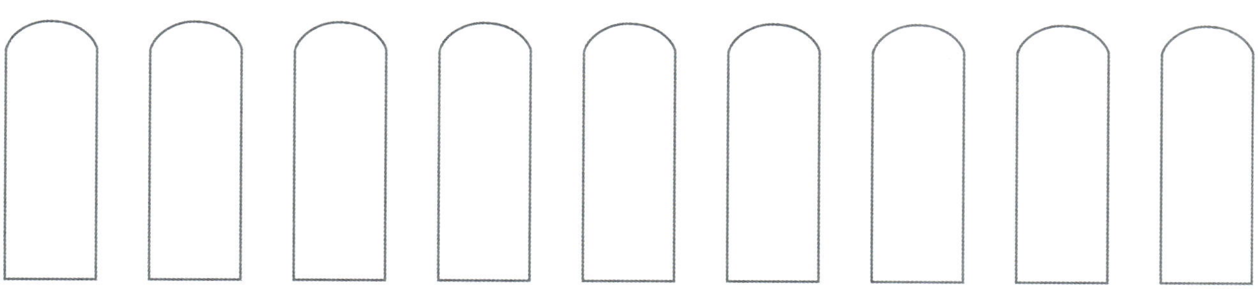

데이지

step 1. 바탕색이 마르기 전에 구겨놓은 비닐이나 호일로 눌러서 모양을 낸다.
step 2. 둥근붓 사용. 스트록 기법으로 꽃잎을 그린다.
step 3. 5개 꽃잎을 균형있게 그리고 꽃술에 명암을 준다.
step 4. 같은 방법으로 꽃을 그리고 스트록 기법으로 잎을 그린다.
step 5. 같은 방법으로 데이지 꽃과 잎으로 장식한다.

튜울립

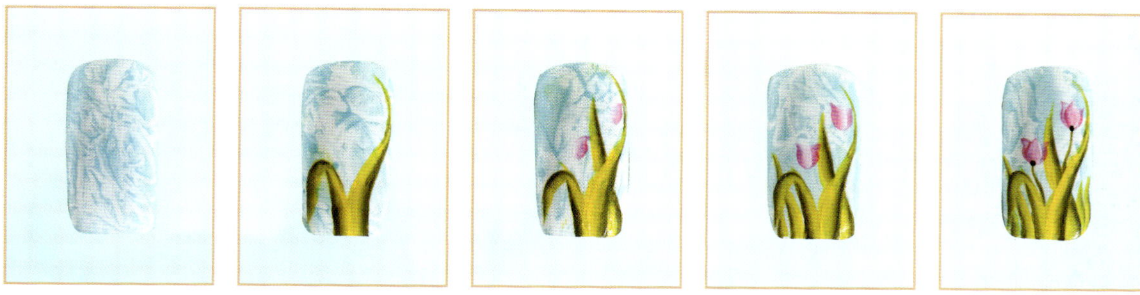

step 1. 바탕색이 마르기 전에 구겨놓은 비닐이나 호일로 눌러서 모양을 낸다.
step 2. 둥근 붓을 사용해서 더블로딩 기법으로 잎을 그려준다.
step 3. 둥근 붓을 사용해서 컴마 스트록 기법으로 꽃잎을 그린다.
step 4. 같은 방법으로 왼쪽과 중앙 꽃잎을 그려 준다.
step 5. 라이너 붓으로 줄기와 꽃받침을 그리고 완성한다.

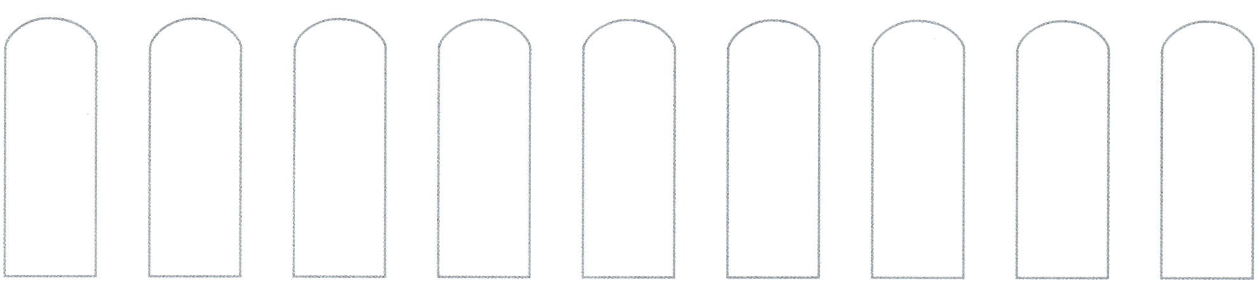

레이스

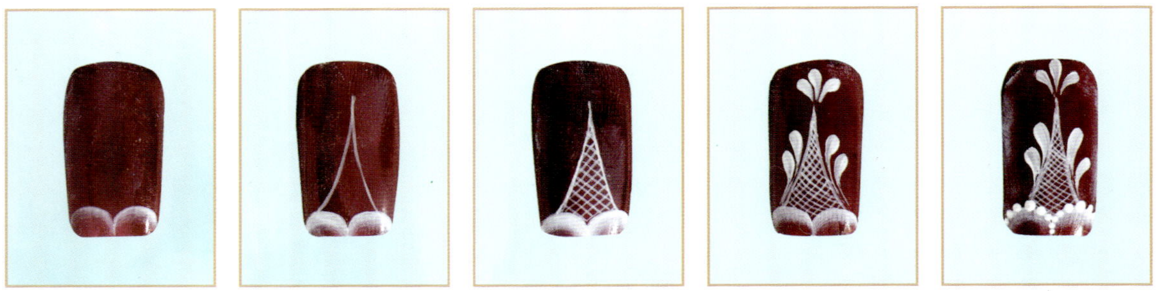

step 1. 평붓으로 C 스트록 기법으로 모양을 그린다.
step 2. 라이너 붓으로 가늘게 삼각형 모양으로 선을 이어준다.
step 3. 라이너붓으로 삼각형 안쪽을 대각선 방향으로 교차되게 선을 채운다.
step 4. 둥근붓을 사용해서 컴마 스트록 기법으로 주변에 장식을 한다.
step 5. 붓 끝에 물감을 듬뿍 묻혀 연속해서 도트를 찍어준다.

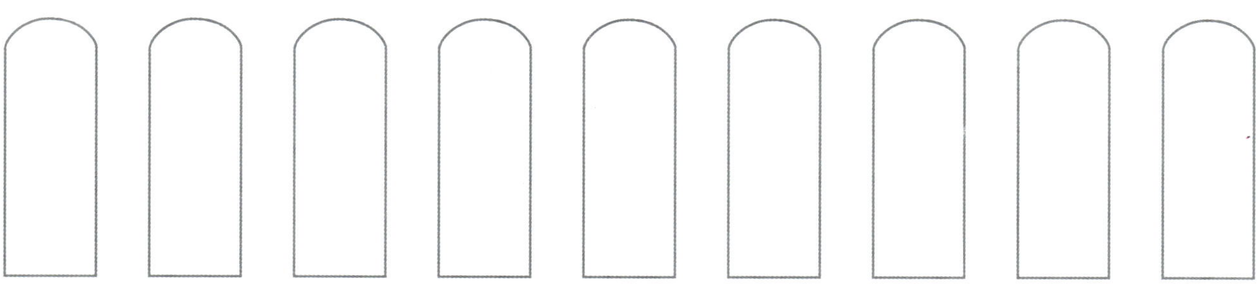

무궁화

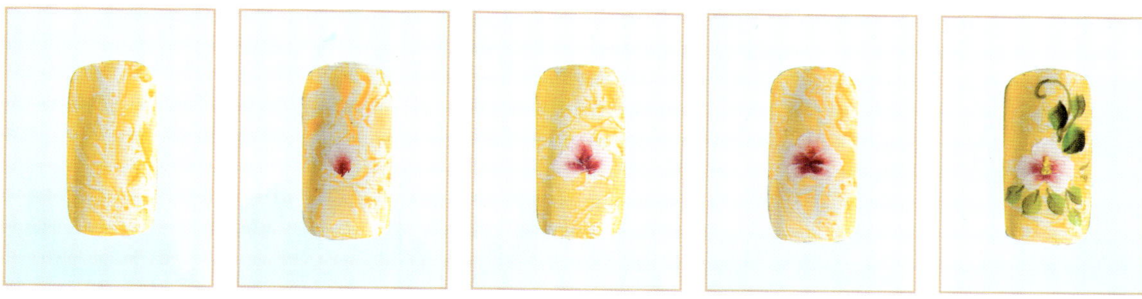

step 1. 바탕색이 마르기 전에 구겨놓은 비닐이나 호일로 눌러서 모양을 낸다.
step 2. 평붓을 약간 흔들어서 삼각형 모양이 되게 꽃잎을 그려준다.
step 3. 꽃잎 3장을 같은 방법으로 채워준다.
step 4. 꽃잎 2장을 아래쪽에 같은 방법으로 채워준다.
step 5. 둥근붓을 사용해서 잎을 그리고 라이너붓으로 줄기와 꽃술을 그려 완성한다.

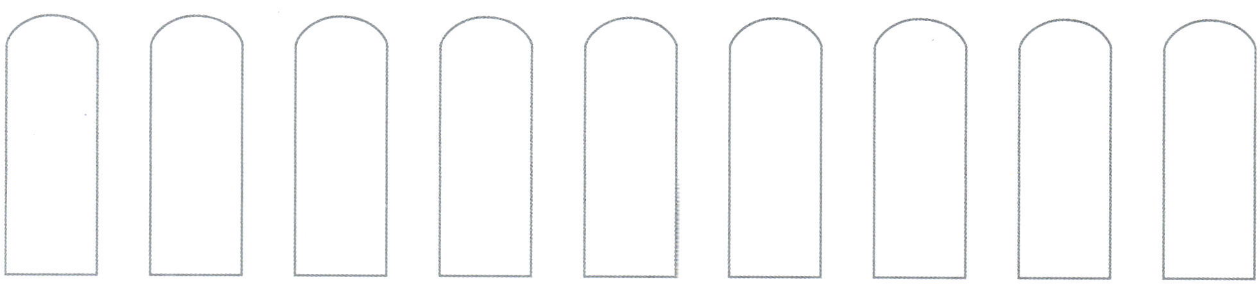

장 미

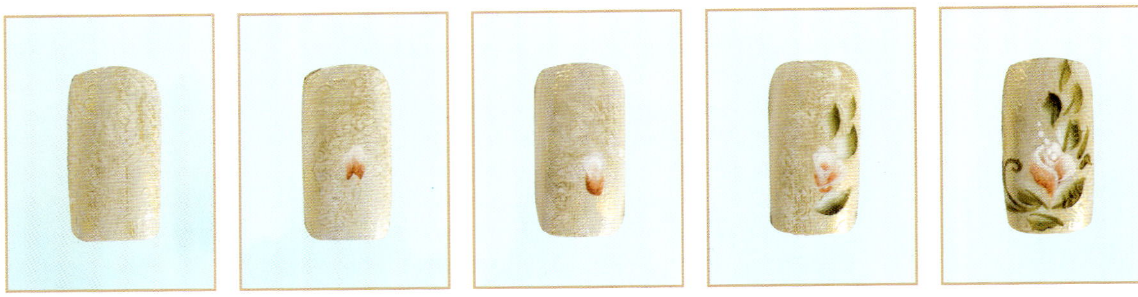

step 1. 바탕색이 마르기 전에 구겨놓은 비닐이나 호일로 눌러서 모양을 낸다.
step 2. 평붓을 사용해서 C스트록 기법으로 꽃잎을 그려준다.
step 3. 꽃잎의 밑둥을 같은 방법으로 채워준다.
step 4. 꽃잎 주변에 둥근붓을 사용해서 잎을 그린다.
step 5. S스트록 기법으로 꽃잎을 감싸듯이 그리고 라이너붓으로 줄기와 도트를 그려 완성한다.

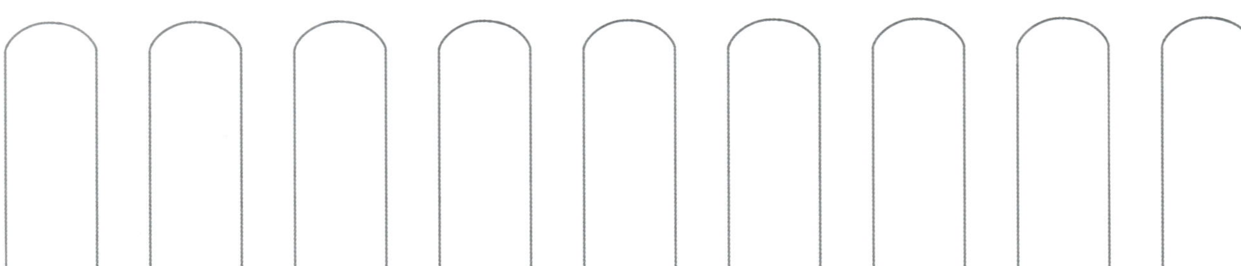

겹장미 1

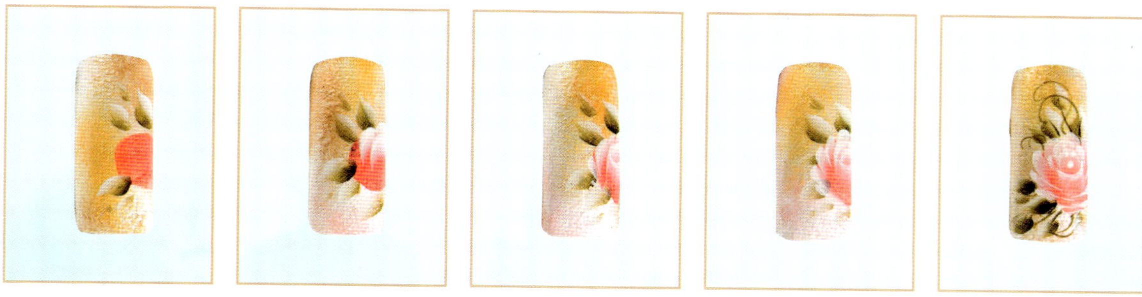

step 1. 장미꽃의 배경으로 빨간색을 동그랗게 바르고 잎을 그려준다.
step 2. 평붓으로 장미 꽃잎을 그려준다.
step 3. 같은 방법으로 꽃잎 들을 채워준다.
step 4. 같은 방법으로 겹겹이 장미 꽃잎을 둥근 모양이 되게 그려준다.
step 5. 둥근붓을 사용해서 잎을 그리고 라이너붓으로 줄기를 그려 완성한다.

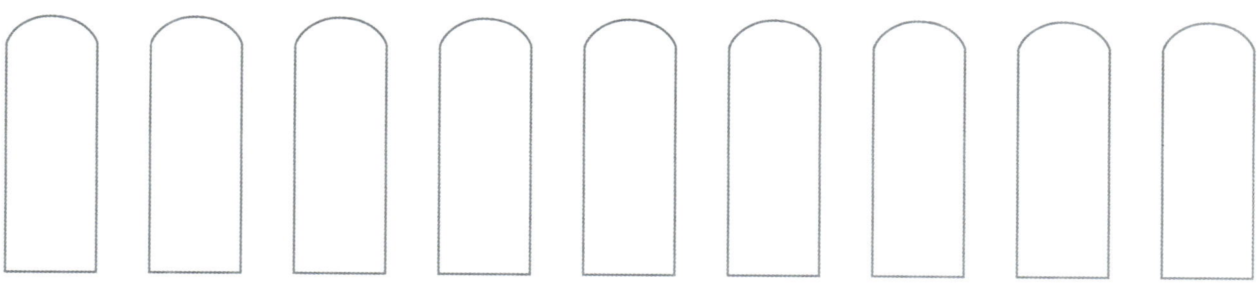

겹장미 2

step 1. 장미꽃의 배경으로 빨간색을 동그랗게 바르고 잎을 그려준다.
step 2. 평붓으로 장미 꽃잎을 그려준다.
step 3. 같은 방법으로 꽃잎 들을 채워준다.
step 4. 같은 방법으로 겹겹이 장미 꽃잎을 둥근 모양이 되게 그려준다.
step 5. 둥근붓을 사용해서 잎을 그리고 라이너붓으로 줄기를 그려 완성한다.

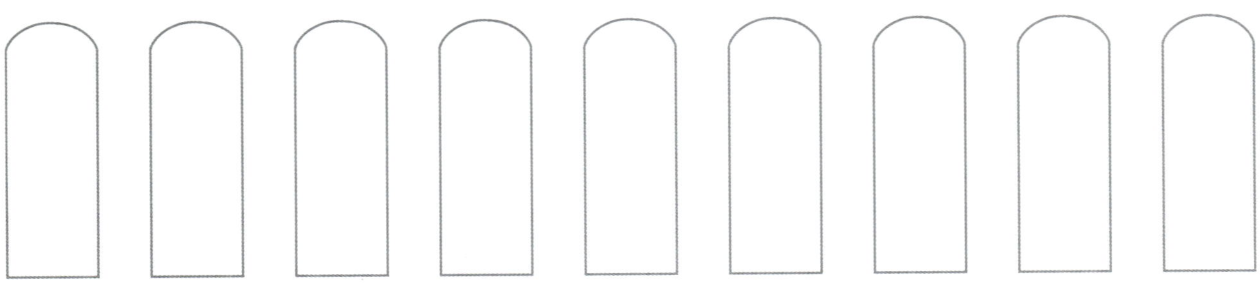

사 과

step 1. 평붓으로 거친 나뭇결을 배경으로 표현하고 사과의 모양을 그린다.

step 2. 사이드로딩 기법으로 사과에 입체감을 주고 잎을 그려준다.

step 3. 붓의 물기를 없애고 거칠게 해서 사과에 하이라이트를 준다.

step 4. 라이너붓으로 사과꼭지를 그리고 잎을 완성한다.

step 5. 라이너붓으로 줄기를 그려 완성한다.

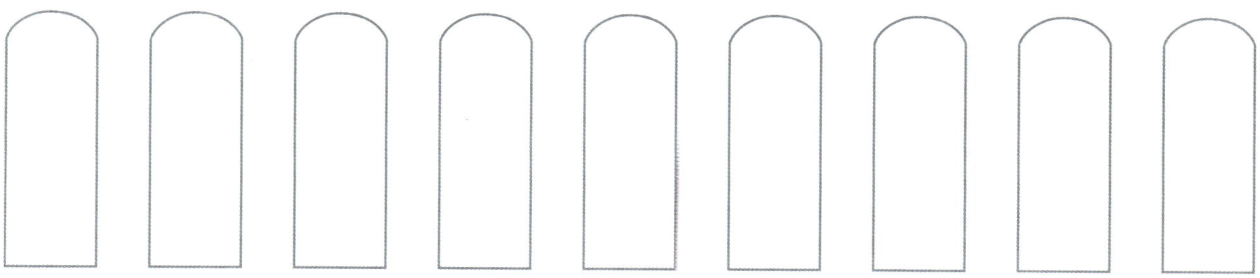

3. 소품 활용

1) 거 울

1 배경을 흰색으로 칠하고 핑크를 덧바른다.

2 데이지 꽃을 스트록 기법으로 그려준다.

3 데이지 꽃 사이를 더블 로딩으로 잎을 그려준다,

4 꽃술을 도트로 찍어 음영을 표현한다.

5 꿀벌과 줄기를 그려 완성한다.

2) 열쇠고리

1 배경을 흰색으로 칠하고 핑크를 덧바른다.

2 코와 발목 부위를 짙은 핑크로 바르고 음영을 준다.

3 테두리를 살리고 꼬리를 그려 넣는다.

4 몸통에 하트 무늬를 그린다.

5 눈과 코를 그려 완성한다.

3) 응용작품

사랑

3 UV 젤 아트

UV Gel Art

1. UV 젤(Gel) 아트란 ?

젤은 아크릴릭 제품 중 하나이며 끈끈한 점성을 가지고 있다. 아크릴릭과의 차이점은 카탈리스트이다. 아크릴릭은 리퀴드 속에 카탈리스트가 있어 파우더와 믹스되었을 때 단단해지지만 젤은 빛에서 큐어되는 촉진제를 가지고 있어 자외선 램프 밑에 놓였을 때 단단하게 고정된다. 젤의 장점은 아크릴릭의 75% 정도의 강도와 얇고 투명한 자연스러움이다. 또한 아크릴릭 보다 손톱을 덜 손상시키며 심한 냄새가 없고, 화일링이 거의 필요가 없기 때문에 살롱에서 시술 시간을 단축시킬 수 있다. 최근에는 아세톤에 녹는 쏙 오프 젤(Soak off gel)이 출시되어 인위적으로 뜯거나 제거할 때 발생되는 손톱 손상과 열 발생 등을 최소화하였다. 제품 회사 별로 베이직 라인과 글리터젤, 엠보젤, 칼라젤, 페인팅젤, 폴리쉬젤 등과 젤 제품에 필요한 부수적인 제품들이 나오고 있다. 젤 제품과 네일 폴리쉬를 섞어서 새로운 색을 내거나 글리터 가루를 섞어보는 등 자신만의 아이디어로 활용할 수도 있다. 젤은 각 제품마다 컨트롤 하는 방법에서 다소 차이가 나기 때문에 그 점을 완벽하게 숙지하고 사용하는 것이 중요하다. 또한 칼라 젤을 한 번에 많은 양을 올리면 젤이 흘러넘칠 수 있기 때문에 적당한 양을 조정하는 방법을 연습을 통해 터득해야 한다. 젤이 번져서 디자인을 망치지 않도록 시술 중간에 큐어링을 자주해주는 것이 중요하다.

1) 제 품

■ 네일 프랩(Nail prep) : 시술 전 자연손톱에 사용하여 손톱의 유수분과 이물질을 제거해준다.

■ 울트라 본더(Ultra bonder) : 시술 전 자연손톱에 소량 발라서 젤의 접착력을 높여준다.

■ 베이스 젤(Base gel) : 폴리쉬 젤 시술 전 사용하는 제품으로 손톱의 변색과 착색 방지 및 네일 바디를 보호해준다. 큐어링 타임은 1~2분이다.

■ 탑 실러(Top sealer) : 마무리 단계에서 사용한다. 광택이 우수하고 오래 지속되며 젤이 오래 유지되도록 도와준다.

■ 클리어 젤(Clear gel) : 빌더질 타입으로 잘 흐르지 않아 형태 잡기가 쉽고 두께 조절이 편하여 과일링을 거의하지 않아도 된다. 큐어링 타임은 1~2분(0.5z)

■ 화이트 젤(White gel) : 움직임이 거의 없고 화이트의 선명도가 높아 뚜렷한 스마일선의 표현이 가능하다. 화이트 젤은 마블이나 핸드 페인팅용으로도 사용가능하다. 큐어링 타임은 3분(0.5z)

■ 핑크 젤(Pink gel): 건강한 자연 손톱을 연출 할 수 있다. 큐어링 타임은 1~2분(0.5z)

■ 젤 클리너(Gel cleanzer): 젤의 끈적이는 잔여물을 닦아준다.

■ 브러쉬 클리너(Brush cleanzer) : 엠보 젤 시술 시 브러쉬에 젤이 달라붙지 않도록 하는 리퀴드 역할을 한다.

■ 폴리쉬 젤(Polish gel): 폴리쉬 타입으로 나온 칼라젤이다. 시술방법은 폴리쉬와 동일하며 쏙 오프(Soak off)된다. 큐어링 타임은 2~3분.

■ 글리터 젤(Glitter gel): 가라앉지 않는 글리터 젤이 사용하기 쉽고, 글리터양이 많아 소량 사용하더라도 본인이 원하는 색을 표현할 수 있다. 광택이 좋아 화려한 아트가 가능하다. 큐어링 타임은 1~2분(0.5g)

■ 페인팅 젤(Painting gel) : 핸드페인팅을 위한 젤로 베이스 젤을 바르고 디자인을 한다. 큐어링 타임은 2~3분.

■ 엠보 젤(Embo gel): 아크릴과 동일한 2D 아트가 가능하다. 큐어링 타임은 1–3분(0.5g). 쏙 오프(Soak off)되는 제품이다.

2) 도 구

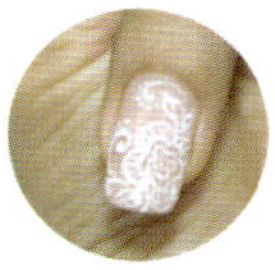
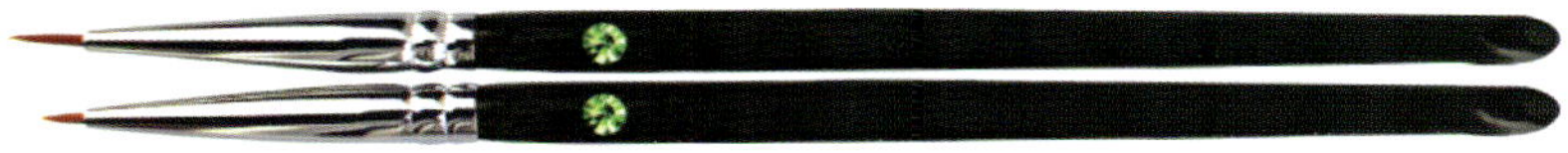

■ 라이너 브러쉬 : 마블이나 핸드페인팅으로 사용한다.

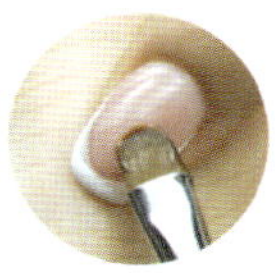
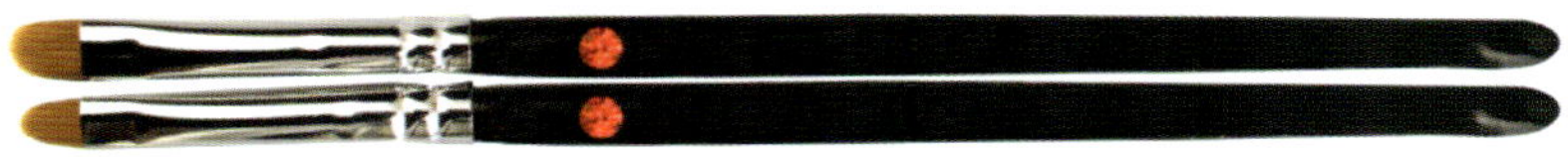

■ 라운드 브러쉬 : 손톱 표면의 오버레이에 사용한다.

■ 스퀘어 브러쉬 : 손톱 표면의 오버레이에 사용한다.

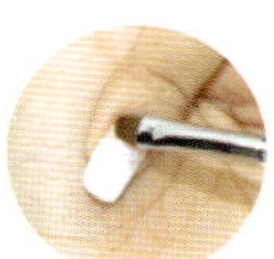

■ 프렌치 브러쉬 : 스마일 라인을 다듬는 용도로 사용한다.

■ 포인트브러쉬 : 엠보 디자인을 할 때 사용한다.

■ UV라이트기 : 36W 제품은 9W 램프가 D자 형식으로 세트되어 있어 양쪽 면까지 빠르고 완벽하게 큐어링 할 수 있다. 타이머 기능이 있으면 더욱 사용하기 편하다.

■ 디펜디쉬 : 브러쉬 클리너를 덜어 사용한다.

■ 크리스탈: 원하는 양의 엠보젤을 크리스탈 위에 덜어 사용하고 색을 믹스할 때 작업하는 파레트로 사용한다.

■ 글루 : 얇게 발라지고 빠르게 접착되는 제품이 좋다.

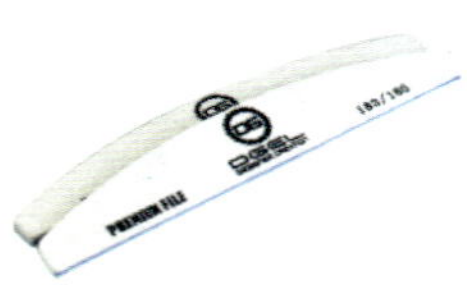

■ 파일 : 100/180 grit 한쪽 면은 스퀘어 형태로 사이드 스트레이트를 잡기 용이하며, 다른 쪽은 라운드 형태로 큐티클 부분의 파일링 시술이 편리하다.

■ 와이퍼 : 젤 시술 시 잔여물을 닦아줄 때 사용한다.

3) 주의사항

1. 유분이 없는 제품으로 큐티클 정리를 한다. 젤 시술 시 유분이 남아 있을 경우 리프팅의 원인이 된다.
2. 젤 시술 전 손톱의 먼지와 유, 수분을 반드시 제거한다. 젤 시술 시 리프팅과 탈락의 원인이 된다.
4. 젤의 큐어링 타임을 반드시 지켜야 한다. 젤 리프팅과 광택이 저하되는 원인이 된다.
5. 젤 시술시 피부에 묻지 않도록 한다. 젤 리프팅과 탈락의 원인이 된다.
6. 손톱의 상태나 젤의 두께에 따라 큐어링 시 발열감을 느낄 수 있다.
7. 작업 중에는 젤 용기의 뚜껑을 닫아놓고, 젤 브러쉬는 UV램프에서 떨어진 곳에 보관하는 것이 좋다. 램프에서 자외선 빛을 받아 젤이나 젤 브러쉬가 굳어질 수 있기 때문이다.
8. 램프는 36W를 권장한다. 낮은 W램프 사용 시 큐어링 타임을 늘려 작업한다.
9. 타사의 젤을 서로 섞어 사용할 경우 쏙 오프(Soak off), 큐어링 시간, 광택, 발색, 리프팅 등 모든 부분에서 문제가 생길 우려가 있으므로 서로 섞어 사용하는 것을 권장하지 않는다.
10. 젤 보관은 직사광선을 피해주고 서늘한 곳에 보관한다.
    젤 뚜껑을 열어 놓고 오래 방치하면 생활광선에 의해 표면이 굳어질 수 있으므로 장시간 빛에 노출되지 않도록 주의한다.
11. 큐어링시 반드시 정중앙 조사 범위에 맞춰 정확하게 큐어링 한다.
12. 쏙 오프는 약 15~20분 가량 아세톤에 담근 후 푸셔 등을 이용하여 밀어 제거한다.
13. 진한 칼라는 손톱에 착색될 수 있으므로 베이스젤을 바르고 시술한다.
14. 브러쉬 클리너는 엠보젤 디자인 전용이므로 엠보젤과 같이 사용한다.
15. 브러쉬는 결 방향대로 사용해야 브러쉬의 수명이 길어진다.

2. 폴리쉬 젤 아트(Polish gel art)

1) 폴리쉬 젤 아트(Polish gel art)란?

폴리쉬와 사용법이 동일하고 브러쉬가 내장되어 있어 별도의 브러쉬가 필요하지 않으며, 기존 폴리쉬에 비해 시술 시간이 짧고 발색과 광택감이 우수하다. 색상 침전 현상 및 분리 현상이 없고, 항상 동일한 색상의 농도 표현이 가능하다. 또한 탑 실러(Top sealer)를 사용하지 않아도 광택이 뛰어나며 밀착력이 높아 리프팅 현상이 없다. 폴리쉬 젤로 그라데이션, 프렌치, 마블 아트가 가능하며 초보자도 쉽게 사용할 수 있다. 아크릴과 동일한 방법으로 아세톤을 사용해서 제거 가능한 쏙 오프 젤(Soak off gel)이며 자외선 빛을 차단시킨 케이스로 되어 있어 장기간 보존이 가능하다.

2) 폴리쉬 젤 아트 준비물

네일 프랩, 울트라 본더, 베이스 젤, 탑 실러, 폴리쉬 칼라 젤, 라이너 브러쉬, 젤 클리너, 와이프

3) 디자인 전 기본 준비

① 네일 프랩을 발라 손톱의 유수분과 이물질을 제거해준다.
② 울트라 본더를 칼라가 벗겨지기 쉬운 손톱의 가장자리에 꼼꼼히 바른다.
③ 베이스 젤을 얇게 바르고 1~2분 큐어링 한다.

풀 칼라링

step 1. 폴리쉬 젤을 얇게 바르고 2~3분 큐어링 한다.
step 2. 폴리쉬 젤을 한번 더 바르고 2~3분 큐어링 한다. 얇은 손톱에는 클리어 젤을 발라 두께감을 주어도 좋다.
step 3. 탑 실러를 바르고 2~3분 큐어링 한다.
step 4. 젤 크리너로 닦는다.

프렌치 칼라링

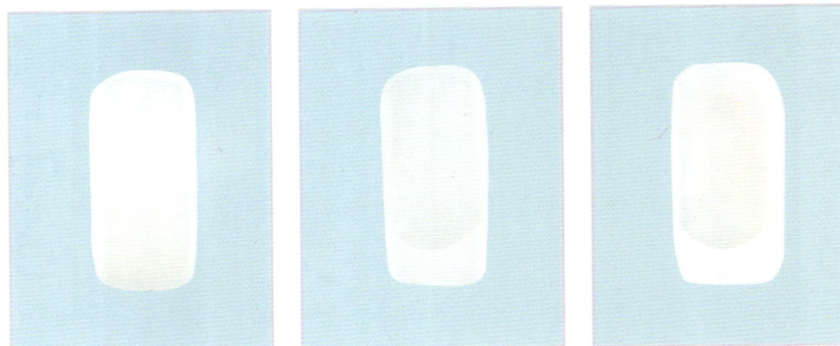

step 1. 폴리쉬 젤로 프렌치 라인을 만들고 2~3분 큐어링 한다.

step 2. 폴리쉬 젤로 프렌치 라인을 완성하고 2~3분 큐어링 한다.

step 3. 클리어 젤을 바르고 1~2분 큐어링 한다.

step 4. 탑 실러를 바르고 2~3분 큐어링 한다.

프렌치 응용

그라데이션 칼라링(one color)

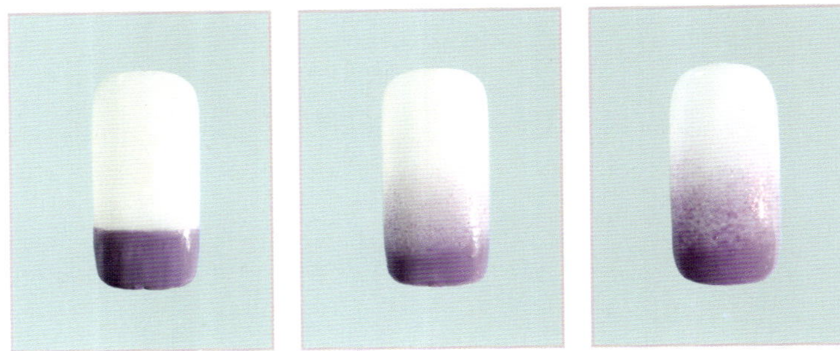

step 1. 폴리쉬 젤을 디자인하고자하는 부분보다 약간 아래쪽에 바른다. 스폰지로 경계면을 그라데이션하고 2~3분 큐어링 한다.
step 2. 폴리쉬 젤로 한 번 더 그라데이션 하고 2~3분 큐어링 한다.
step 3. 경계선 중앙에 펄을 발라 스폰지로 두드려준다.
step 4. 탑 실러를 바르고 2~3분 큐어링 한다.

그라데이션 칼라링(two color)

step 1. 폴리쉬 젤 2색을 바르고 스폰지로 경계면을 그라데이션한다. 중앙부터 위로 두드려 그라데이션 하는 것이 요령이고 2~3분 큐어링 한다.
step 2. 폴리쉬 젤로 한 번 더 그라데이션 하고 2~3분 큐어링 한다.
step 3. 경계선 중앙에 펄을 발라 스폰지로 두드려준다.
step 4. 탑 실러를 바르고 2~3분 큐어링 한다.

4) 마블 아트(Marble art)

마블링은 폴리쉬 젤의 떨어뜨린 점의 양과 붓의 사용법에 따라서 디자인이 결정된다. 색의 선택이나 섞는 방법에 따라 디자인은 무궁무진하며 초보자도 쉽게 따라할 수 있다. 색상은 섞었을 때의 색조를 생각해서 선택하는 것이 좋다. 처음 연습할 때는 대조가 되는 화이트와 블랙 칼라로 시작하는 것이 좋다. 포인트는 베이스 칼라를 듬뿍 바르고 빠르기가 중요해서 폴리쉬 젤의 뚜껑을 미리 열어놓고 재빨리 그려가도록 한다.

마블 아트 응용

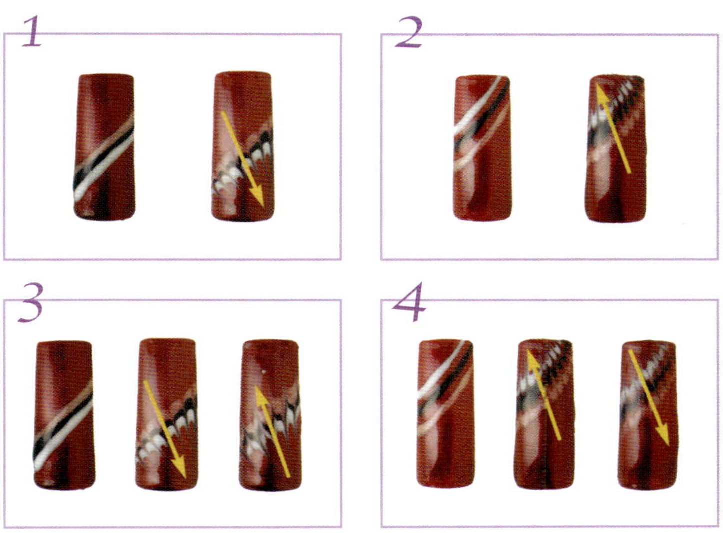

완성 디자인

step 1. 세가지 색 폴리쉬 젤로 선을 그려준다. 라인 브러쉬를 이용해서 위에서 아래방향으로 선을 그어준다.

step 2. 세가지 색 폴리쉬 젤로 사이를 약간 띄어 선을 그려준다. 라인 브러쉬를 이용해서 아래에서 위쪽방향으로 선을 그어준다.

step 3. 세가지 색 폴리쉬 젤로 선을 그려준다. 라인 브러쉬를 이용해서 위에서 아래방향으로 선을 그어주고 다시 그 사이를 아래에서 위쪽방향으로 선을 그어준다.

step 4. 세가지 색 폴리쉬 젤로 사이를 약간 띄어 선을 그려준다. 라인 브러쉬를 이용해서 아래에서 위쪽방향으로 선을 그어주고 다시 그 사이를 위에서 아래방향으로 선을 그어준다.

꽃

step 1. 검정 폴리쉬 젤을 바르고 흰색 폴리쉬 젤로 5개의 점을 찍어준다.

step 2. 라인 브러쉬를 이용해서 꽃잎의 밖에서 안쪽으로 선을 그어주고 2~3분 큐어링 한다.

step 3. 꽃잎 사이에 라인스톤을 붙여주어도 좋다. 탑 실러를 바르고 2~3분 큐어링 한다.

step 1. 검정 폴리쉬 젤을 바르고 흰색 폴리쉬 젤로 꽃과 잎을 디자인 할 점들을 찍어준다.

step 2. 라인 브러쉬를 이용해서 꽃과 잎의 안에서 바깥으로 선을 그어주고 2~3분 큐어링 한다.

step 3. 꽃술에 글리터 장식을 하고 탑 실러로 마무리한다(2~3분 큐어링).

장 미

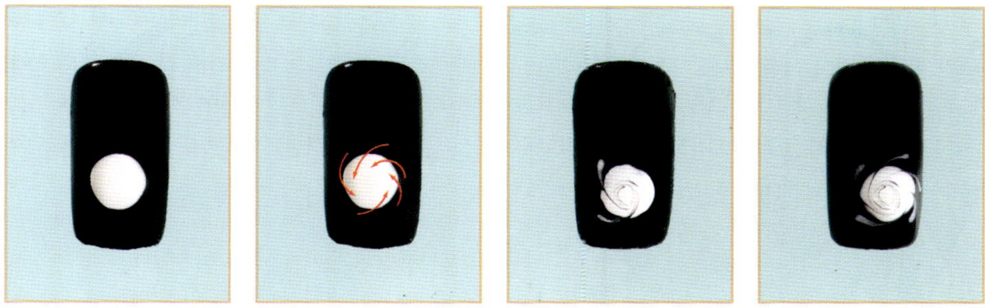

step 1. 검정 폴리쉬 젤을 바르고 흰색 폴리쉬 젤로 점을 찍은 후 퍼지게 한다.

step 2. 꽃잎의 바깥에서 안쪽으로 선을 그어 중앙에서 모아 준다.
브러쉬는 세워서 사용하는 것이 요령이다.

step 3. 탑 실러를 바르고 2~3분 큐어링 한다.

나 비

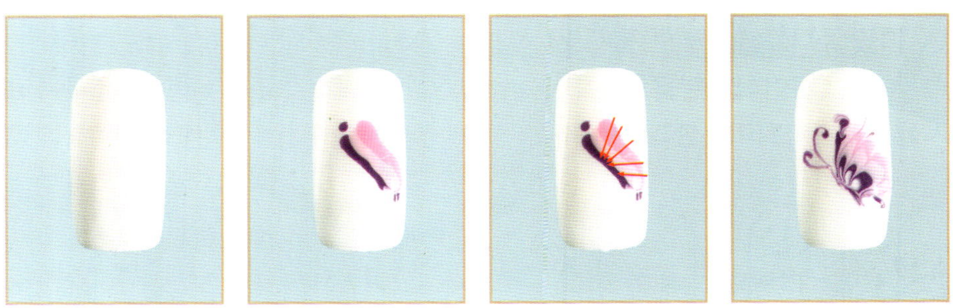

step 1. 베이스가 되는 흰색 폴리쉬 젤을 바른다.

step 2. 나비 모양을 만들 보라, 연핑크, 핑크 폴리쉬 젤을 라인 브러쉬에 묻혀 그려준다.

step 3. 나비 몸체에서 날개 방향으로 선을 그어 주고 더듬이를 브러쉬로 그려준다. 탑 실러를 바르고 2~3분 큐어링 한다.

3. 글리터 젤 아트(Glitter gel art)

1) 글리터 젤 아트(Glitter gel art)란?

젤 속에 글리터가 많이 들어있어 반짝이는 화려한 디자인을 할 수 있다. 가라앉지 않는 글리터 젤은 섞지 않고 바로 사용할 수 있어 시간절약과 펄을 저어서 생기는 버블 현상이 없기 때문에 사용하기 편하다. 글리터 양이 많을수록 원하는 색을 표현할 수 있고, 흰색이나 검정 페인트 젤로 윤곽선을 그려서 스테인 글라스 디자인을 즐길 수 있다.

2) 글리터 젤 아트 준비물

네일 프랩, 울트라 본더, 베이스 젤, 탑 실러, 글리터 젤, 라이너 브러쉬, 페인트 젤, 젤 클리너, 와이프

3) 일러스트 스테인 글라스(Illustration stained glass)

직 선

step 1. 여러 가지 색상의 글리터 젤을 바른다.

step 2. 브러쉬로 큐티클 방향으로 그라데이션을 하고 1~2분 큐어링 한다.

step 3. 검정 엠보 젤로 나뭇가지 모양 선을 만들고 탑 실러로 마무리한다(2~3분 큐어링).

곡 선

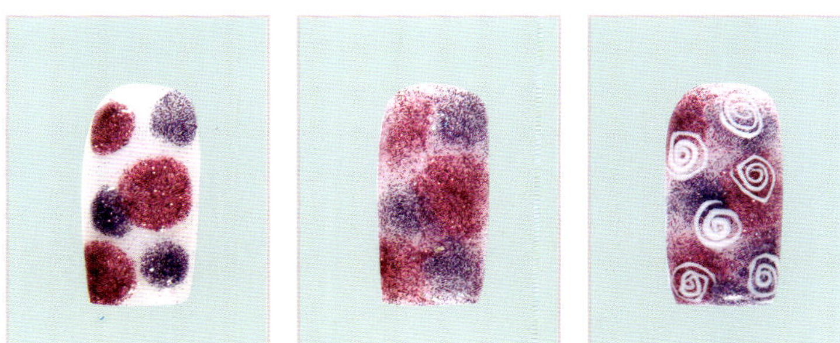

step 1. 여러 가지 색상의 글리터 젤을 바른다.

step 2. 브러쉬로 큐티클 방향으로 그라데이션을 하고 1~2분 큐어링 한다.

step 3. 흰색 엠보 젤로 회오리 모양 선을 만들고 탑 실러로 마무리한다(2~3분 큐어링).

하트

step 1. 투명 글리터 젤을 바르고 1분 큐어링 한다.

step 2. 하트모양으로 글리터 젤을 바르고 1초 큐어링 한다.

step 3. 흰색 페인트 젤로 하트모양을 강조하고 탑실러로 마무리한다(2~3분 큐어링).

엠보 젤로 선(line) 만들기

1. 브러쉬 끝을 사용해서 엠보 젤이 가운데로 모아지도록 한다.
2. 엠보 젤을 한쪽 방향으로 천천히 저어준다.
3. 엠보 젤의 점성으로 실처럼 따라오면 라인의 길이와 두께를 조절하여 사용한다.

4. 페인트 젤 아트(Paint gel art)

1) 페인트 젤 아트(Paint gel art)란?

그림을 그릴 수 있는 페인트 젤로 핸드페인팅이나 포크 아트 등의 디자인을 할 수 있다. 한 번의 터치만으로도 선명한 색 표현을 할 수 있고, 디자인을 하는 동안 굳지 않고 색 배합이 가능하여 원하는 색을 표현 할 수 있다. 베이스 젤을 바르고 디자인을 하고, 브러쉬 클리너로 색상의 농도를 조절한다.

일러스트 애니멀 패턴(Illustration animal pattern)

네일아트의 초보자들이 쉽게 그릴 수 있는 동물 무늬를 그려보도록 한다. 레오파드, 지브라, 모모 등 무늬를 연습해보도록 한다.

2) 페인트 젤 아트 준비물

네일 프랩, 울트라 본더, 베이스 젤, 탑 실러, 라이너 브러쉬, 페인트 젤, 젤 클리너, 와이프

3) 실 기

지브라 디자인(Zebra Design)

step 1. 금색 폴리쉬 젤을 가운데 바르고, 브라운색 폴리쉬 젤을 가장자리 양쪽에 바른다.

step 2. 금색과 브라운색 폴리쉬 젤의 경계를 그라데이션 하고 2~3분 큐어링 한다.

step 3. 검정색 페인트 젤로 지브라 패턴을 중앙부터 균형을 잡아 그린다. 그리는 요령은 파도 같은 선을 마주보게 밸런스를 잘 맞추고 한쪽 선은 반드시 열어 놓는다(큐어링 1~2분). 탑 실러를 바르고 2~3분 큐어링 한다.

애니멀 프린트 응용

캐릭터 곰

step 1. 핑크 폴리쉬 젤을 바른다(2~3분 큐어링).
흰색 페인트 젤로 얼굴과 귀를 그리고 1분 큐어링 한다.

step 2. 검정 페인트 젤로 눈, 코 입을 그리고 1분 큐어링 한다.

step 3. 볼터치와 코의 음영을 주고 리본을 그린다. 탑 실러를 바르고 2~3분 큐어링 한다.

응용작품

5. 엠보 젤 아트(Embo gel art)

1) 엠보 젤 아트(Embo gel art)란?

아크릴과 거의 동일한 농도로 되어 있는 젤 제품으로 강한 냄새를 가지고 있는 아크릴을 대신하여 엠보 느낌과 디테일한 아트를 표현할 수 있다. 1초 큐어링을 하면 디자인이 고정되어 빠른 시간에 화려한 아트가 가능하며, 큐어링을 하지 않으면 굳지 않아 아트를 잘하지 못하는 초보자도 쉽게 할 수 있다.

엠보 젤의 점성을 이용하여 길게 늘어뜨리면 선 표현을 자유롭게 할 수 있으며, 볼을 뜰 때는 브러쉬보다 브러쉬 끝을 사용하는 것이 편하다.

2) 엠보 젤 아트 준비물

엠보 젤, 포인트 브러쉬, 브러쉬 클리너, 크리스탈 파레뜨, 디펜디쉬

3) 실 기

꽃

step 1. 흰색 엠보 젤의 중심을 브러쉬로 눌러 동그랗게 펴주고 1초 큐어링 한다.

step 2. 같은 방법으로 겹쳐서 꽃잎을 디자인하고 1초 큐어링 한다.

step 3. 꽃 주변을 같은 방법으로 디자인하고 1분 큐어링 한다.

리본 1

step 1. 핑크 엠보 젤을 떠서 삼각형 모양으로 브러쉬로 펴주고 1초 큐어링 한다.

step 2. 같은 방법으로 겹쳐서 디자인하고 1초 큐어링 한다.

step 3. 가운데 볼을 작게 해서 리본 매듭을 완성한다. 1분 큐어링 한다.

리본 2

step 1. 핑크 엠보 젤을 떠서 삼각형 모양으로 위쪽은 그대로 두고 아래만 사선방향으로 눌러서 투명감이 들도록 펴준다. 1초 큐어링 한다.

step 2. 리본 끈을 디자인하고 1초 큐어링 한다.

step 3. 가운데 볼을 작게 해서 리본 매듭을 완성한다. 1분 큐어링 한다.

레이스

step 1. 핑크 엠보 젤을 도톰하게 늘어트려 선을 만든다.

step 2. 엠보 젤을 브러쉬로 눌러 레이스의 주름을 만든다.

step 3. 같은 방법으로 디자인하고 1분 큐어링 한다.

카 라

step 1. 흰색 엠보 젤을 잎사귀 모양으로 빼면서 꽃잎모양을 만든다(큐어링 1초).

step 2. 연두색 엠보 젤로 줄기를 만-들고 1초 큐어링 한다.

step 3. 꽃술과 잎새를 만들고 1분 큐어링 한다.

장 미

step 1. 흰색 엠보 젤을 타원형 모양으로 얇게 꽃잎모양을 만든다(큐어링 1초).

step 2. 같은 방법으로 겹쳐서 디자인하고 1초 큐어링 한다.

step 3. 꽃 봉우리는 엠보 젤로 회오리 모양 선을 만들고 1분 큐어링 한다.

4) 응용작품

4 네일 갤러리

작품사진

- 박주연
- 김종숙
- 김민선
- 신소정
- 노희정
- 송서현
- 박성은
- 이유심
- 아수희
- 조화정
- 조유나
- 김정규
- 김정은

박주연
한국네일협회 기술강사
디젤 인터내셔널 에듀케이터
디젤코리아 총괄실장

김종숙
한국네일협회 기술강사
디젤 인터내셔널 에듀케이터
디젤코리아 교육실장

김민선
한국네일협회 기술강사
디젤 인터내셔널 에듀케이터
예쁜 손 네일 샵 운영

신소정
한국네일협회 기술강사
디젤 인터내셔널 에듀케이터
비비네일스쿨 교육 강사

is made from
and vodka
grown
Sweden
flavoring of vodk
edish traditio
than 400 y
VOL. (80 PROO

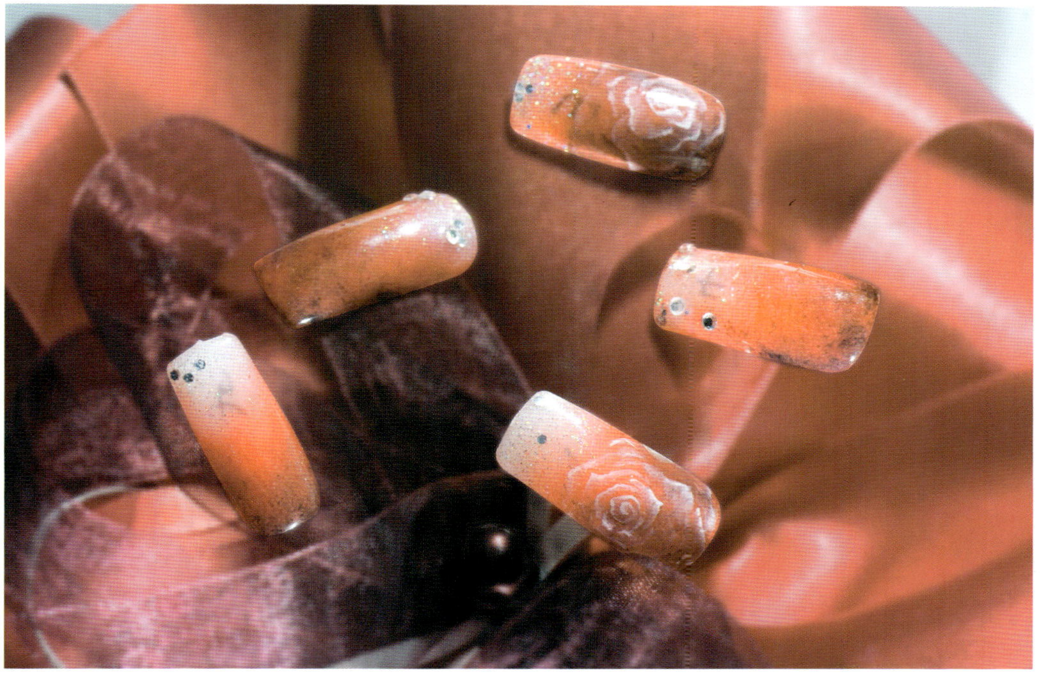

노희정
한국네일협회 기술강사
디젤 인터내셔널 에듀케이터
데코 네일 샵 운영

송서현
한국네일디자인협회 이사
New York주
Nail Specialty License
오산대학 헤어아트과 교수

박성은
한국네일협회 기술강사
2009 Si Nail
에어브러쉬 프로부분 금상
2009 Si Nail
아트부분 그랜드챔피온 은상

이유심
한국네일협회 기술강사
김정규 에어브러쉬
마스터코스 수료
2010 Si Nail
에어브러쉬 부분 동상

아수희
한국네일협회 기술강사
2009 BEAUTY DESIGN EXPO
평면아트 입상
2009 BiNail Contest Free
생활아트 동상

조화정
한국네일협회 기술강사
김정규 에어브러쉬 마스터코스 수료
2008 Sinail 에어브러쉬종목 금상

조유나
한국네일협회 기술강사
2007 Si Nail
에어브러쉬 프로 금상
2008 Si Nail
생활아트 골드

김정규
현 한국네일협회 부회장
에어마스타 대표이사
SBS 생활의 달인 52회 154회 출연

김정은
한국네일협회 기술강사
2001 Nail Festival contest 은상
2005 Si Nail 에어브러쉬 프로 금상

참고문헌

Airbrush Illustrations, 김공웅, 도서출판 조형사(1991)

Airbrushing for NAILS, Elizabeth Anthony, Milady Publishing Company(1997)

Airbrush Paintings, Miquel Ferron, watson－guptill publications/New York(1989)

Beauty stylist Nail art book, 김동연 · 김효영 · 노지운 · 이소년 · 임희아 · 장형화, 삼성북스(2007)

Nailart & Technic, 이미선, (주)교학사(2005)

Folk Art of France, Deborah Kneen, Sally Milner Publishing Pry Ltd(1993)

The Ultimate Airbrush Handbook, Pamela Shanteau, watson－guptill publications/New York(2002)

Gel Nail Bible, 小笠原弥生, Kawade Shobo Shinsha, Publishers(2005)

the Best nail Magazine of the world, NAIL MAX, インフォレスト株式会社(2006)

カレンダーブツク, まがいなおみ, 株式会社日本ウォグ社(2001)

찾아보기

INDEX

INDEX

찾아보기

Nail Design Advance

2011년 3월 10일 초판인쇄
2011년 3월 20일 초판발행

지은이 : 송서현, 권태순, 김계순, 이숙희, 홍수경
펴낸이 : 이상태
펴낸곳 : 청구문화사
디자인 : 이헌숙
주 소 : (120-831)서울특별시 서대문구 연희 1동 436-1번지
전 화 : 02-332-0541(代) FAX : 02-337-9577
등 록 : 1990년 11월 2일 제9-247호

가격 35,000원

ISBN 978-89-5616-440-3 93590